中国生态文明研究与促进会

生态文明　绿色转型

——会员代表大会、成立大会、第一届（苏州）年会资料汇编

中国环境出版社·北京

图书在版编目（CIP）数据

中国生态文明研究与促进会　生态文明　绿色转型——会员代表大会、成立大会、第一届（苏州）年会资料汇编/中国生态文明研究与促进会编. —北京：中国环境出版社，2013.9
ISBN 978-7-5111-1572-0

Ⅰ. ①中…　Ⅱ. ①中…　Ⅲ. ①生态文明—建设—会议资料—汇编—中国　Ⅳ. ①X321.2

中国版本图书馆 CIP 数据核字（2013）第 215845 号

出　版　人　王新程
策划编辑　徐于红
责任编辑　连　斌
文字编辑　张　娣
责任校对　尹　芳
封面设计　金　喆

出版发行　中国环境出版社
　　　　　（100062　北京市东城区广渠门内大街 16 号）
　　　　　网　　　址：http://www.cesp.com.cn
　　　　　电子邮箱：bjgl@cesp.com.cn
　　　　　联系电话：010-67112765（编辑管理部）
　　　　　　　　　　010-67121726（水利水电图书出版中心）
　　　　　发行热线：010-67125803，010-67113405（传真）
　　　　　印装质量热线：010-67113404
印　　刷　北京中科印刷有限公司
版　　次　2013 年 9 月第 1 版
印　　次　2013 年 9 月第 1 次印刷
开　　本　787×1092　1/16
印　　张　16.5
字　　数　220 千字
定　　价　45.00 元

编　委　会

前　言

建设生态文明是我们党创造性地回答经济发展与资源环境问题所取得的最新理论成果，为统筹人与自然和谐发展指明了方向。党的十六大提出生态文明建设的战略思想；十七大把"建设生态文明"列入全面建设小康社会奋斗目标的新要求；2010 年 10 月，党的十七届五中全会又作出提高生态文明水平的新部署。生态文明建设成为党的执政理念和治国方略。

中国生态文明研究与促进会的成立顺应了党和国家推进生态文明建设的需要。在中共中央原政治局委员、国务院原副总理、九届全国人大常委会副委员长姜春云等同志的倡议和发起下，2010 年 12 月 27 日研促会第一届第一次会员代表大会在北京召开。2011 年 11 月 11 日，中国生态文明研究与促进会成立大会在北京人民大会堂隆重举行。习近平、李克强等中央领导同志分别为研促会的成立发来贺信或作出重要批示，对研促会的工作提出殷切希望。

为贯彻落实中央的指示精神和环境保护部党组的要求，研促会自成立后认真履行本会章程及工作职责，勇于担当，自觉践行，努力当好生态文明建设的促进者。2011 年 12 月，在江苏省苏州市召开了主题为"生态文明与绿色转型"的第一届年会。会议邀请生态文明建设领域的领导、专家、学者和一线工作者，以及关心和支持生态文明建设的社会各界人士，就生态文明理论和实践中的重大问题进行深入研讨，取得丰硕成果。

年会不仅是研促会的年度工作总结大会，也是凝聚社会共识，协助党和政府推进生态文明建设的重要阵地。将相关文献和资料整理出版，不仅仅是对研促会发展历程的梳理和回顾，也是为我国生态文明建设理论与实践积淀的一笔可贵财富。

　　本书主要收录了第一次会员代表大会、成立大会和第一届年会的资料。第一部分和第二部分收录了姜春云总顾问、陈宗兴会长、周生贤部长在会员代表大会和研促会成立大会上的讲话，读者通过这些珍贵资料，可以对研促会成立的背景以及研促会成立时的相关情况建立比较全面和直观的了解。第三部分是第一届（苏州）年会的会议资料，收录了以"领导讲话与《苏州宣言》"、"主旨发言和高层研讨"、"生态经济与绿色转型"、"生态社会与制度创新"、"生态文化与绿色消费"五个主题分类的年会发言材料。

　　在此，感谢相关部委和社会各界对研促会成立的大力支持；感谢环境保护部、江苏省人民政府对第一届年会的支持和指导，特别感谢苏州市人民政府及苏州市环境保护局为举办本次年会作出的积极贡献。本书在编辑出版过程中，得到了苏州市人民政府办公室、苏州市环境保护局以及中国环境出版社的大力支持，在此一并致谢。

　　我们希望，本书的出版能使读者从中感受到思想者的睿智和实践者的勇气，获得建设美丽中国、走向生态文明新时代的智慧和力量，这将是对我们最大的慰籍。

中国生态文明研究与促进会秘书处

2013 年 7 月

目 录

第一部分　中国生态文明研究与促进会会员代表大会

姜春云同志在中国生态文明研究与促进会会员代表大会上的讲话...........3

陈宗兴会长在中国生态文明研究与促进会会员代表大会上的讲话...........8

周生贤同志在中国生态文明研究与促进会会员代表大会上的讲话.........13

第二部分　中国生态文明研究与促进会成立大会

姜春云同志在中国生态文明研究与促进会成立大会上的致辞..................21

陈宗兴会长在中国生态文明研究与促进会成立大会上的讲话..................24

周生贤同志在中国生态文明研究与促进会成立大会上的讲话..................27

第三部分　中国生态文明研究与促进会第一届（苏州）年会

一、领导讲话与《苏州宣言》

姜春云同志在中国生态文明研究与促进会第一届（苏州）

年会上的致辞 35

陈宗兴会长在中国生态文明研究与促进会第一届（苏州）

　　年会上的讲话 ……………………………………………………39

李干杰同志在中国生态文明研究与促进会第一届（苏州）

　　年会上的讲话 ……………………………………………………44

祝光耀同志在中国生态文明研究与促进会第一届（苏州）

　　年会上的讲话 ……………………………………………………48

阿希姆·施泰纳（Achim Steiner）先生的贺信 …………………54

生态文明苏州宣言 …………………………………………………55

二、主旨发言与高层研讨

关于生态文化的几点思考

　　——在 2011 生态文明研促会年会的发言 ………………王玉庆 61

坚持绿色发展　建设生态文明——在中国生态文明研究与

　　促进会第一届年会上的主旨发言 …………………………徐　鸣 68

扎实推进生态文明建设　加快绿色转型发展——在中国生态文明

　　研究与促进会第一届年会上的主旨发言 …………………程渭山 76

牢牢把握主题主线　更好建设生态文明——在中国生态文明

　　研究与促进会第一届年会上的发言 ………………………季昆森 85

加快推进太湖流域生态文明建设　促进太湖流域经济社会

　　可持续发展 …………………………………………………翟浩辉 97

为了一库清水送京津

　　——淅川县生态环境保护的实践与思考 …………………亢崇仁 103

建设生态新苏州　构筑和谐新天堂——在中国生态文明研促会

　　第一届（苏州）年会上的主旨发言 ....阎　立 107

把握生态建设主线　从现实问题入手建设生态文明 ....张景安 114

三、生态经济与绿色转型

总结典型经验　切实推动生态经济发展与绿色转型.................万本太 121

经济发展方式的绿色转型 ....沈国舫 127

以国家生态工业示范园区建设为抓手

　　积极推进生态文明建设 ....赵英民 134

实现可持续生态文明的系统理念与技术 ....Gunther Geller 142

四、生态社会与制度创新

建设生态社会　实现制度创新 ....杨朝飞 157

加强中国环境保护管理体制 ....马　中 162

中国生态文明建设评价 ....严　耕 164

生态文明转型背景下的环境经济政策创新 ....原庆丹 166

中国环境执法：现状、问题与对策 ....汪　劲 168

五、生态文化与绿色消费

倡导绿色消费　建设生态中国 ....夏　光 173

生态文明与比较性竞争 ....黄纪苏 180

环境中的人：做真正的中国人 ....徐　刚 185

环境保护的第三重使命 ....夏　光　190

六、生态文明建设典型经验

以民为本　建设生态文明 ....方维廷　201

生机和活力的加速器——浙江省杭州市产业绿色发展............张建庭　207

走绿色发展道路　建生态宜居城市 ....华　静　213

牢固树立绿色发展理念　建设富庶美丽幸福之城.............刘永忠　219

沈阳老工业基地的生态文明建设之路 ....陈荣礼　224

经济发展方式绿色转型的有益探索和实践 ....姬振海　231

强化节能减排　推进循环发展加快构建以低碳经济为

　　特色的生态文明矿区 ....冯　腾　238

实施绿色发展战略　全力打造空港现代生态田园大城市........廖维忠　242

坚定不移实施绿色发展战略　全力打造生态文明

　　建设先导区 ....王亚方　248

第一部分

中国生态文明研究与促进会会员代表大会

姜春云同志在中国生态文明研究与促进会
会员代表大会上的讲话

各位代表，同志们：

中国生态文明研究与促进会（简称研促会），经过近两年的努力，终于由民政部于 2010 年 10 月 18 日批复筹备成立。这是一件大事、好事，可喜可贺。在研促会筹建申报期间，得到了民政部、环保部、林业局和国务院办公厅的支持，得到了李克强、回良玉等中央领导同志的关心，在这里，让我们表示诚挚的谢意！同时，我代表发起人，对中国生态文明研促会会员代表大会的胜利召开表示热烈祝贺！对与会的代表和嘉宾表示真诚的欢迎！

根据社团管理条例和民政部批复要求，经发起人会议研究和环保部审核同意，我们今天召开生态文明研促会会员代表大会，审议表决研促会《章程》、选举执行机构负责人、选任总顾问、顾问。由于是首届会员代表大会，我们还没有健全的组织，所以，章程草案、拟任执行机构负责人选的提名及代表大会议程，都是由发起人会议在广泛征求包括环保部在内的各方面意见的基础上议定的。会前，大会筹备领导小组已将以上文件送各位代表审阅，对代表提出的修改意见作了充分吸收。也就是说，付诸大会审议表决的各项内容充分发扬了民主，符合筹建程序要求。

按照会议安排，我就发起成立研促会的意义、研促会的定位和工作方式等问题讲几点意见。

一、为什么要成立生态文明研促会

党的十七大作出了建设生态文明的战略部署之后，我就和曲格平等同志商量，想成立一个相应的生态文明研究组织，为研究推进生态文明建设作些贡献。大家知道，生态文明是对农耕文明、工业文明的深刻变革，是人类文明质的提升和飞跃，是人类文明史的一个新的里程碑。党的十七大旗帜鲜明地提出建设生态文明，具有重大的现实意义和划时代的深远历史意义。推进生态文明建设，对生态文明的研究和探索提出了新的更高要求。我国的生态文明研究，起始于 20 世纪 80 年代，虽然有进展、有成绩，但总的说，起步较晚，而且开始主要限于少数专家学者、研究机构在做，又大都是某一方面的学术性研究，真正联系我国国情从宏观战略上研究解决重大理论与实际问题的很少。近些年这方面的研究有较大进展，但仍属于起步阶段，研究工作的力度和效果有限，都难以适应生态文明建设的需要。而生态文明是一种崭新的文明理念、形态，建设生态文明涉及经济、政治、科技、教育、文化、卫生和生产方式、消费方式、体制机制、道德观念等各个领域，是一项巨大的社会系统工程，有大量的理论和实际问题，亟须通过研究探索加以破解。为此，成立一个全国性高层次的研促组织，聚集相关高端人才和实际工作者，深入研究破解我国生态文明建设中的种种疑难问题，为生态文明建设提供动力、智力支持，不但意义重大、十分必要，而且非常紧迫。就是在这样的大背景下，生态文明研促会破土而出，应时顺势而生。

组建生态文明研究会的信息一经传开，全国学界、政界及企事业单位的有识之士和志愿者积极响应，踊跃报名参与。先后报名者已近 500 人，其中，既有离退休的老同志，也有在现职岗位的中青年，包括省部级以上干部、司局地市级干部和专家学者。这表明了社会各界蕴藏着巨大的参与研究、推进生态文明建设的积极性。这么多的领导骨干、专家学者聚集到了研促会，是巨大、宝贵的人才资源，把这么多高端人才组织好、协调好、作用发挥好，是可以在推进生态文明建设中有较大作为的。

研促会的成立，肩负重要的历史使命，社会各界给予了热切的期望。这激励我们务必要把研促会组建好、发展好，努力办成"国内一流、国际驰名"的生态文明研促组织，多出、快出高质量的研促成果，为生态文明建设多作贡献。

二、生态文明研促会的职责定位和目标任务

研促会是协助党和政府推进生态文明建设的公益性社会团体，坚持为生态文明和环境保护服务的宗旨，坚持以邓小平理论和"三个代表"重要思想为指导，坚持贯彻落实科学发展观，坚持按照国家生态文明建设方针政策和法规开展工作，发扬艰苦创业精神、与时俱进精神、求真务实精神、开拓创新精神，为我国生态文明建设和环境保护作出应有的贡献。

研促会要以高度的使命感和责任感，深度研究、探索我国生态文明建设的重大问题，从理论和实际结合上回答、阐述、破解种种相关的疑点难点问题，多出高质量的研究、评估、论证和创新成果，为各级党政领导科学决策提供可靠依据，为生态文明建设提供动力、智力支持。为此，研促会必须不断地解放思想，更新观念，探索未知，深化已知，力求在以下几个方面取得新的重大突破。

第一，在课题研究上有大的突破。要正确分析我国生态文明建设情势和任务，找准并抓住一些对全局有重大意义、普遍意义的问题，集中力量，攻关突破。要严于剖析，寻根究底，力求获得规律性的认识和对破解途径要领的把握，提出中肯的对策意见。研究课题的选择，应当包括：①承办国家"十二五"生态文明研究课题项目；②从实际出发提出新的研究课题，向国家有关部门申报立项；③关于引进国外高端、前沿技术和成功经验的研究；④原有研究成果的创新。课题研究要强调战略性、超前性、针对性、实用性，要有用、管用。坚持当前现实研究与长远战略研究相结合，宏观研究与微观研究相结合，组团式研究与个人专题研究相结合。

第二，评估、咨询、认证的研评要有大的突破。科学的评估、咨询、认证工作，对推进生态文明建设和环境保护意义重大，不可或缺。研促会应当发挥政府与社会间的桥梁和纽带作用，积极协助政府开展生态文明建设和环境保护的评估、咨询和认证工作，承办政府和地方、行业委托的评

估、咨询、认证项目，并取得高质量的研评成果。在这方面，大有文章可作。要同环保部门密切配合，根据需要与可能，承担一定范围的研评任务和责任。

第三，在生态文明创建上要有大的突破。创建生态文明省区市、县乡村和社区，已成为促进生态文明建设的重要方式，正在由点到面逐步开展。这个环节抓好了，我国的生态文明建设将出现蓬勃发展的新局面。研促会要积极协助环保等有关部门做好这方面的工作。要认真总结推广创建生态文明的成功经验，探索创建规律，促进和规范创建活动。研促会吸收各省区市环保厅（局）长和一批地市县的领导同志参与，对开展这方面的工作是很有利的。

第四，在国际民间生态文明交流与合作方面有大的突破。既对外展示我国的生态文明建设成就，又注重学习借鉴国际研究成果和经验，结合我国实际加以消化、应用、创新。这方面也是大有可为的。

三、研促会如何开展工作，主要应当抓好以下四点

第一，建立精简、高效、统一的组织机构。几百名领导骨干、高端人才聚集在一起，针对如何协调动作、充分发挥作用，作了认真商讨。作为执行机构，设立理事会、常务理事会、会长、常务副会长、副会长、秘书长，另设专家、课题、创建三个专门委员会，设立总顾问、顾问，各按章程规定发挥作用。顾问和专委的省部级干部不兼职理事、常务理事，这样既可以腾出位子安排年轻一点的同志，又能减少交叉，以利于各负其责、集中力量做好分内的工作。初步看，这样设计有助于高效运行，把有关的研促事项落到实处。

第二，创造有利于学术研究的环境和风气。研促工作能否出高水平、突破性的成果，取决于参与人员是否真正解放思想，敢为人先，勇于创新，敢讲真话、实话、新话，敢言"人所未言、未敢言"。所以，必须贯彻党的"百家争鸣、百花齐放"的方针，形成良好的"争鸣"气氛，使大家能

够畅所欲言，各抒己见，直言问题的要害症结，大胆建言献策。只要坚持正确的政治方向（党的领导、社会主义），就要让大家充分发表意见，陈述观点。在学术问题上，应当允许不同观点和见解的争论。如此，新思想、新理念、新见识和新思路才能层出不穷。

第三，发扬求真务实、生动活泼、学以致用、言行一致的良好文风、学风、作风。防止和克服"假大空套"的陈腐八股文风，防止和克服主观主义、形式主义以及华而不实、急功近利、浮躁玄虚等不良风气。要清正廉洁，禁绝消极腐败。

第四，要发扬团队精神，做到"一个目标、一条心、一股劲"，团结协作，齐心协力，打"团体冠军"。这么多领导同志、专家学者参加研促会，是为了事业，为了做成几件事，不是为了名权利，这里也没有什么名权利可争，所以，同志间要互相尊重、关心、支持、帮助，还要建立激励机制，鼓励大家充分发挥各自的积极性、创造性和聪明才智，为生态文明建设作出较大、较多的贡献。我衷心希望，在环保部的业务指导和监管下，能把研促会建设成为"学习型、研究型、创新型、务实型"的社会团体。

各位代表，同志们：

生态文明是人类智慧的结晶，促进生态文明建设是一项利国利民、功在当代、福泽后世的伟大事业，能为这一崇高而神圣的事业作出贡献，是一种思想境界、一种道德行为、一种光荣和幸运。我们大家都是志愿者，让我们共同为人类的生态文明事业奉献自己的智慧和力量。

陈宗兴会长在中国生态文明研究与促进会
会员代表大会上的讲话

尊敬的春云总顾问，

各位代表、同志们：

刚才，中国生态文明研究与促进会（简称"研促会"）会员代表大会审议通过了《章程》，选举了执行机构和三个专委会负责人，选任了总顾问、顾问。春云同志代表发起人作了重要讲话，深刻阐述了成立研促会的意义，明确了研促会职责定位、目标任务和工作要求；生贤部长代表环保部，对研促会的工作发表了很好的意见。我们完成了大会预定的各项任务。我提议，让我们以热烈的掌声祝贺大会圆满成功！同时，请允许我代表新当选的所有负责同志，向为研促会发起成立作出重大贡献的春云同志等老领导、老同志表示崇高的敬意！对周生贤部长和环保部领导的大力支持表示衷心的感谢！对全体与会代表表示诚挚的谢意！

为了实现把研促会办成"国内一流、国际驰名"社团组织的目标，不辜负中央领导同志和广大有志于中国生态文明事业的同志们对研促会的殷切期望，在这里，我提三点希望与大家共勉。

一、牢记研促会的宗旨

刚刚通过的《章程》明确了研促会的宗旨，是以邓小平理论和"三个代表"重要思想为指导，贯彻落实科学发展观，遵照党和国家生态文明建设的方针政策和战略部署，聚集全国有志于生态文明建设的力量，深入研究生态文明建设的重大问题，积极推进生态文明建设，坚持为生态文明建设服务。

为什么明确这样一个宗旨？刚才，春云同志已经作了详细的阐述。我们研促会是在我国经济社会发展已经站在新的历史起点上，推进生态文明建设、提高生态文明水平成为一项重大而紧迫的战略任务的历史时刻成立的，负有重要使命的大型社会团体。当前，坚持绿色发展道路，大力发展生态经济，特别是依靠循环、低碳经济的崛起，以应对全球气候和环境危机，破解国际金融危机的困局，已经成为人类的共识。对此，我们党和政府高度重视，积极行动。特别是党的十七大把建设生态文明作为全面建设小康社会的新目标，十七届五中全会又作出了提高生态文明水平的新部署，标志着我们对人类文明结构、文明进程认识的拓展以及对中国特色社会主义建设规律认识的深化，对于加快转变经济发展方式、破解日趋强化的资源环境约束、保障和改善民生、抢占未来国际竞争制高点，都具有重要的战略意义。

可以说，努力推进生态文明建设，不断提高生态文明水平，不是权宜之计，而是百年大计；不是一般工作任务，而是时代赋予我们这代人的历史使命。正是在这样的大背景下，春云同志联合其他一些老同志、老领导，审时度势、高瞻远瞩，发起成立研促会，可谓深谋远虑、恰逢其时。我们研促会自成立起，就要自觉地按照党中央、国务院的决策部署，在环保部的支持和指导下，肩负起团结带领全国有志于生态文明建设的高端人才，积极研究破解生态文明建设的重大问题，积极推动生态文明建设的具体工作，努力为中央及地方生态文明建设献计出力的历史重任。这一点，只要研促会存在一天，我们就要牢记和践行，不能有丝毫的懈怠。

二、遵守研促会的《章程》

作为一个社会团体，要想有所作为，必须遵守一定的规则。今天代表大会通过的研促会《章程》，规定着研促会的宗旨、职能、运行准则和行为规范。承认并遵守《章程》，是对每一个会员的基本要求。所有参加我们研促会工作的同志，都有遵守《章程》的责任。为此，我们应当把握好以下几个方面。

第一，坚持正确的政治方向，实行依法办会。研促会是从事生态文明建设的大型社会团体，业务涉及政治、经济、文化、科技等方方面面。我们不是商会也不是联谊会，虽然形式上不像党政机关那样紧密，但我们一定要做到"形散意不散"。大家都是有理想、有责任并且很多都是担负一定领导职务的同志，我们在做研促会的工作时，必须做到与党中央保持一致，把握正确的政治方向，以中国特色社会主义理论体系为指导，以科学发展观为统领。同时，要严格遵守宪法、法律、法规和国家有关政策，遵守社会公德和职业道德；要自觉接受登记管理机关民政部和业务主管单位环境保护部的业务指导和监督管理。

第二，坚持按《章程》办事，实行民主办会。研促会的组织架构很有创意，除了理事会以外，我们实行了顾问制，请老领导、老同志和有关部门领导同志负责宏观战略和重大决策的咨询把关，发挥促进、监督、保障作用，重大事项要征求总顾问和顾问的意见；我们设立了专家咨询、研究指导、创建促进三个专门委员会，专委会的规格之高、人才之广也是少见的，他们是研促会的业务支撑。我们要真正把"一会（理事会）三委（三个专委会）加顾问"这个领导体制的功效发挥出来，必须严格按照民主集中制原则，实行民主办会、科学决策、集体领导、分工负责，真正围绕我们的办会宗旨和目标，扎实稳步开展工作。

第三，坚持严格自律，实行廉洁办会。通观一些社团组织的发展规律，可以看到这样一个现象，即社团组织有"三怕"，就是怕发展方向不明、思想作风不纯、管理人员不廉洁。但凡发展得好的社团，都是坚持正确的政治方向和业务方向，能够团结带领一大批志同道合的同仁坚持不懈地努力奋斗，经费保障有力但又不出问题。反之，都很难生存下去、发展起来。我们现在刚刚起步，还处于创业阶段，有春云同志等总顾问、顾问把关导向，有环保部的指导帮助，有大家的齐心协力，同时通过执行规章制度，严格工作纪律，加强道德教育，我们有信心消除所谓的"三怕"，在文明办会、民主办会的同时，做到廉洁办会。

三、做好研促会的工作

研促会的主要任务是组织、协调、动员社会各方面力量，共同参与生态文明研究，推进生态文明实践。春云同志在讲话中，对我们在生态文明的课题研究、创建促进、咨询评估和国际交流合作等方面，提出了明确的要求。生贤同志也从提高生态文明水平、探索环保新道路的角度，对研促会寄予厚望。这些工作任务很艰巨，既包涵了生态经济、生态社会、生态文化等方面建设，又突出了生态文明的总体要求和阶段性任务，需要我们统筹兼顾，认真谋划，抓好落实。

一是要搞好事业发展规划。生态文明建设是一个宏伟的事业，需要几代人，甚至十几代人的努力才有可能达成。因此，我们从事生态文明的研究与促进工作，必须有长远规划，同时也要有把宏伟蓝图具体化为阶段性工作任务的措施和计划。下一步，我们要着力搞好研促会当前和长远的发展规划，坚持当前与长远相结合、宏观与微观相结合、理论与实践相结合、国内研究与国际交流相结合，针对生态文明事业发展的重点、热点、难点问题，从学术、政策、战略的角度，明确我们的研究对象和课题，部署我们的促进和创建工作，谋划未来，指导现在。我们也希望全体理事和会员同志们，都能开动脑筋，积极出主意、想办法，为生态文明事业的发展和研促会更好地开展工作献计献策。

二是要创出自己的拳头产品。课题研究是我们的工作基础和着力点，我们研促会能不能真正发挥应有的作用，关键是看能不能拿出一批高水平的研究成果，为中央和地方建设生态文明当好参谋、助手。要拿出拳头产品，需要掌握科学的研究方法，既要有定性研究，对生态文明作理论上、战略上的思考和研究；又要有定量分析，借助现代科技手段对生态文明建设作科学分析，特别是当前应当对生态文明建设的考核评价体系作一些科学研究；还要注重调研考察，通过深入调研，掌握国情、吃透世情。在这样的基础上，我们就可以在生态文明建设的目标战略、形势任务、政策措施等方面，积极作一些前瞻性、全局性、战略性的研究探讨，提出具有科学性、针对性和可操作性的意见建议，为统筹经济社会与生态环境协调发展贡献智慧和力量。当前，我们要按照党的十七届五中全会和中央经济工作会议的部署，围绕国家和地方制定实施"十二五"规划，在加快转变经济发展方式，提高生态文明水平，推动经济社会绿色、可持续发展等方面，积极开展研究工作，力争搞出一批高端、实用的研究成果，为党和政府科学决策服务。

三是要为生态文明创建做实事。我们要努力发挥政府和社会之间的桥梁和纽带作用，把加强生态建设、解决突出的环境问题作为促进生态文明建设的重点任务，创造性地开展工作，努力为推进生态文明建设、提高生态文明水平发挥积极作用。如：接受主管部门委托，加强对生态省、市、县和生态文明示范区等生态系列创建工作的指导，通过大力发展生态产业、生态环境、生态人居和生态文化，努力为推进区域可持续发展作出我们的贡献；通过积极推动有关科技成果转化为生态文明建设的新政策、新举措，在促进"两型社会"建设、节能减排等方面发挥我们的力量。同时，我们还要开展多种形式的宣传教育、公众参与和社会监督活动，加强与国内外有关生态文明组织的交流与合作，积极传播研究成果，凝聚并联合全社会和各方面的力量，共同参与、共同促进人类生态文明事业的进步。

各位代表、同志们，今天是我们中国生态文明研究与促进会值得纪念的日子，我们已经有了一个良好的开端。接下来，我们要按照社团管理条例规定，办好注册登记工作；同时，要尽快制定完善相关的规章制度，研究制定发展规划和年度工作计划，组建精干高效的工作班子，力争使我们的研促会开好局、起好步。

大家推举我出任研促会会长，我在深感荣幸的同时也倍感压力。但我相信，有春云总顾问、各位顾问以及生贤部长和环保部的指导和关心，有一大批有志于生态文明建设的同仁的支持和合作，我们一定能够努力办好研促会，为我国生态文明事业的发展和进步作出积极贡献！

周生贤同志在中国生态文明研究与
促进会会员代表大会上的讲话

尊敬的春云同志，宗兴副主席，

各位来宾，同志们：

大家好！首先，我代表环境保护部对中国生态文明研究与促进会的成立表示热烈祝贺！生态文明研究与促进会是我国第一个以生态文明建设作为主要关注方向的社会团体。研促会的成立顺应了现实需要，必将为推进我国生态文明建设的伟大事业发挥积极作用。刚才，春云同志作了重要讲话，从生态文明研促会成立的重大意义、职责定位和目标任务，以及如何开展工作等方面讲了很好的意见，提出了明确要求。过一会儿，宗兴副主席还要作重要讲话。我们要认真学习贯彻。

胡锦涛总书记明确指出，"建设生态文明，实质上就是要建设以资源环境承载力为基础、以自然规律为准则、以可持续发展为目标的资源节约型、环境友好型社会"。不久前，党的十七届五中全会通过的《中共中央关于制定国民经济和社会发展第十二个五年规划的建议》，首次明确提出以科学发展为主题，以加快转变经济发展方式为主线，以及提高生态文明水平的新要求，标志着环境保护真正进入经济社会发展的主干线、主战场和大舞台，成为加快转变经济发展方式、推动科学发展新局面的重要抓手，为从国家宏观战略层面和再生产全过程切入统筹解决环境问题创造了良好条件。这对于推动实现经济发展、社会进步、生态文明共赢具有重要的里程碑意义。

建设生态文明是我们党以科学发展观为指导，立足经济快速增长中资源环境代价过大的严峻现实而提出的重大战略思想和战略任务，是中国特色社会主义伟大事业总体布局的重要组成部分。这既反映了我国对环境与发展问题的清醒认识和自觉行动，也是对我国走可持续发展之路的有益探索和积极贡献。

生态文明是人类为建设美好生态环境而取得的物质成果、精神成果和制度成果的总和。生态文明建设主要涵盖先进的生态伦理观念、发达的生态经济、完善的生态制度、可靠的生态安全、良好的生态环境。它以把握自然规律、尊重和维护自然为前提，以人与自然、人与人、人与社会和谐共生为宗旨，以资源环境承载力为基础，以建立可持续的产业结构、生产方式、消费模式以及增强可持续发展能力为着眼点，强调人的自觉与自律，人与自然的相互依存、相互促进、共处共融。生态文明既是理想的境界，又是现实的目标；既是生动的实践，又是长期的过程。

人与自然相和谐是生态文明的本质特征。人与自然是不可分割的有机整体，与自然和谐相处、协调发展是人类文明的题中应有之义。人类的生存和发展依赖于自然，同时文明的进步也影响着自然的结构、功能和演化。传统工业文明导致人与自然关系的对立，而生态文明建设则首先要重构人与自然的和谐。这种和谐不是回归农业文明的和谐，而是在继承和发展人类现有成果的基础上，达到自觉的、长期的、更高水平的和谐。

在建设生态文明的进程中，首要任务就是要正确处理发展和环境之间的关系。发展是第一要务，环境是重要支撑。环境与发展密不可分，环境问题究其本质，是经济结构、生产方式、消费模式和发展道路问题。正确的经济政策就是正确的环境政策，正确的环境政策也是正确的经济政策。离开经济发展谈环境保护必然是"缘木求鱼"，离开环境保护谈经济发展势必是"竭泽而渔"。当前，我国经济社会发展的压力前所未有，环境保护的压力也前所未有。只有正确处理环境与经济的关系，科学把握两者之间的"度"，遵循环境与发展规律，做到环境保护与经济发展相协调、相融合，生态文明建设才能真正落到实处。

生态文明贵在创新，重在坚持，成在持久。推进生态文明建设是理念、行动、过程和效果的有机统一体。其中，牢固树立生态文明理念、绿色低碳发展理念、环保优先理念是前提；采取一切有利于推进生态文明建设的政策举措，抓紧行动起来是关键；生态文明是长期艰巨的建设过程，坚持不懈地加以推进是基础；注重生态文明建设效果的最优化和可持续是目的。

随着实践的不断深入，我们对建设生态文明的认识更加深化。第一，推进生态文明建设，是破解日趋强化的资源环境约束的有效途径。近年来，我国环境治理和生态保护取得积极成效，但总体恶化的趋势没有得到根本扭转。发达国家两百多年工业化进程中分阶段出现的环境问题，在我国现阶段集中凸显。搞好污染预防、环境治理和生态建设，才能有效破解经济增长的资源环境瓶颈制约。第二，推进生态文明建设，是加快转变经济发展方式的客观需要。环境保护对加快经济发展方式转变具有保障、促进和优化作用，环境承载力越来越成为经济发展规模和发展空间的主要制约因素。第三，推进生态文明建设，是保障和改善民生的内在要求。经济发展决定生活水平，环境保护决定生存条件。环境保护直接关系人民生活质量，关系群众身体健康，关系社会和谐稳定。我们必须秉持环保为民的理念，努力让人民群众喝上干净的水、呼吸上清洁的空气、吃上放心的食物，着力解决损害群众健康的突出环境问题，切实维护广大人民群众的环境权益。第四，推进生态文明建设，是后国际金融危机时期抢占竞争制高点的优先选择。应对国际金融危机，使得世界经济正处于新一轮优化重组、创新发展的前夜，绿色发展、循环经济日益成为世界发展的重要趋势。以环境保护优化经济发展，抢占世界经济发展新的制高点，才能在新一轮竞争中赢得主动。

作为一种新的文明形态，按照一般推理，生态文明应在发达国家兴起，因为生态危机的发生和危害首先在那里体现。但是建设生态文明构想却没在那里诞生，建设生态文明实践没在那里展开。原因在于：一是发达国家在发展过程中，积累了强大的物质基础、技术和资金优势，使本国的生态危机得到缓解；二是工业文明具有一定的修正错误的能力，但难以自发地转向生态文明，工业文明巨大的利益诱导着前进的方向；三是西方发达国家向不发达国家和地区转移生态成本，失去了发展生态文明的机会；四是西方发达国家形成不可持续的低储蓄、高消费经济发展模式，经济社会总体上已经难以重构符合生态文明要求的产业结构、生产方式和消费模式。

我国已经具备了推进生态文明建设的时机和条件。随着改革开放以来经济社会的快速发展，积累了巨大的物质财富。但与此同时，我国已经凸显自然资源的加速耗竭和环境急剧恶化的多重困境，长此以往，经济发展难以持续，能源资源难以为继，生态环境将不堪重负。我们必须清醒地认识到，我国正处于工业化、城镇化和新农村建设加快推进的历史阶段，随着经济总量不断扩大和人口继续增加，污染物产生量还会增多，即使采取各种末端治理的措施，仍然难以避免环境严重恶化的趋势。

我们正面临着新的抉择，是延续过去的思路继续往前走，抑或是寻求一条新的道路，重新定位人与自然的关系，促使人与自然关系从对立冲突转向和谐相处。伴随这一进程，经济社会发展逐步实现绿色转型，文明形态也由工业文明转向生态文明。

推进生态文明建设的主要途径是积极探索中国环境保护新道路。李克强副总理多次强调，环境保护是生态文明建设的主阵地和根本措施，要抓紧研究制定生态文明建设的目标指标体系和考核办法。保护环境就是化解人与自然之间不和谐的因素，改善环境就是不断提升人与自然和谐相处的水平。推进生态文明建设，促进人与自然和谐，根本要求就是加强环境保护。必须紧紧围绕科学发展的主题、加快转变经济发展方式的主线和提高生态文明水平的新要求，探索走出一条代价小、效益好、排放低、可持续的中国环境保护新道路。"代价小"就是坚持环境保护与经济发展相协调，以尽可能小的资源环境代价支撑更大规模的经济活动。"效益好"就是坚持环境保护与经济社会建设相统筹，寻求最佳的环境效益、经济效益和社会效益。"排放低"就是坚持污染预防与环境治理相结合，用适当的环境治理成本，把经济社会活动对环境损害降低到最小程度。"可持续"就是坚持环境保护与长远发展相融合,通过建设资源节约型、环境友好型社会,不断推动经济社会可持续发展。

生态文明建设是全社会共同参与、共同建设、共同享有的崇高事业。"积力之举无不胜,众智之为无不成"。全社会广泛参与是生态文明建设的强大动力和可靠保障。要将生态文明理念全面体现到国民经济体系的各个领域和社会组织体系的各个方面,逐步渗透到广大群众的日常生产生活的各个环节,大力宣传资源节约、环境友好的生产方式和消费模式,让生态意识成为大众文化意识,让绿色消费、适度消费成为全体公民的自觉行动,进一步营造建设生态文明的良好社会氛围。全社会牢固树立生态文明意识之时,就是我国生态环境全面改善之日。

研促会实行"一会"(理事会)、"三委"(研究指导、专家咨询和创建促进专门委员会)、"总顾问和顾问"的领导体制,荟萃了一大批有识之士和精英人才。这个团体中,有为我国经济社会发展作出贡献的党和国家老领导,有德高望重的离退休老同志,有担任重要职务的省部级以上领导干部,有在国内外学术界享有很高声誉的"两院"院士,还有正当壮年、奋发有为的著名专家学者和司局级领导干部,是一个领导经验丰富、学术造诣高深、实践推动强劲的社团组织。研促会的成立,为深化对生态文明的理论研究,全面深入推广生态文明理念,提供了坚实载体,预示着生态文明建设的美好前景。希望研促会努力打造智力平台,组织知名专家学者抢占生态文明理论研究高地;积极架构公共桥梁,宣传推动全社会牢固树立生态文明观念;高度重视长远谋划,早日建成基础强、形象好、可持续的一流学术团体。

在此,我代表环境保护部表个态:环境保护部将全力推动研促会各项工作尽快走上正轨,尽心做好各项服务工作。我本人也甘当"义工",做好生态文明研究与促进会的后勤部长,为大家做好服务。

第二部分

中国生态文明研究与
促进会成立大会

姜春云同志在中国生态文明研究与促进会
成立大会上的致辞

同志们，朋友们：

经过两年多的努力，中国生态文明研究与促进会今天正式宣告成立了。这是件大事、好事，可喜可贺。我代表中国生态文明研究与促进会发起人，向深切关怀、大力支持研促会筹建与成立的中央领导同志和民政部、环境保护部等有关部门、单位，表示诚挚的谢意！对出席成立大会的各位代表和嘉宾表示热烈的欢迎！

中央领导同志对生态文明研促会的成立，非常关心重视，贾庆林、习近平、李克强、回良玉、李源潮、杜青林同志，分别发了贺信、作出批示，对研促会的成立表示热烈祝贺，对研促会的工作提出了殷切期望，作出了明确指示。这对研促会的全体成员是极大鼓舞，我们大家一定要认真学习贯彻落实。

在全球环境危机加剧、发展不可持续的严峻情势下，中国生态文明研促会应运而生，无疑具有重要现实意义和深远战略意义。回眸几百年的工业革命，人类在创造巨大物质财富和科学文化成果的同时，导致了生态环境的严重破坏，整个地球生物圈和主要生态系统都已伤痕累累，不堪重负。中国是发展中国家，改革开放 30 多年，经济社会发展取得了举世瞩目的巨大成就，综合国力和人民生活水平大幅度提升，但为此付出了过大的资源、环境代价，环境问题也处于"局部有所好转、总体尚未遏制、形势依然严峻、压力继续加大"的态势。事实表明，应对全球生存危机、根治环境恶化痼疾，已经成为包括中国在内的全人类刻不容缓、极其重大的政治任务。

全球环境恶化到了今天的地步，有其深层次的根源。不能排除自然生态逆向演替的负面影响，但最主要的还是人类没有正确对待大自然，是非理性掠夺式开发和粗放的生产方式造成的。特别是以追求资本无限膨胀、利润最大化和崇尚奢侈消费的工业文明理念，导致长达几个世纪对大自然的疯狂征服和破坏，是造成生态危机、环境灾难的祸首。自 20 世纪下半叶，人类反思工业文明，汲取教训，认定唯有以"人与自然和谐、发展可持续"为主要特征的生态文明，方能承接工业文明的优势、长处，克服其弱点、弊端，从而破解人类生存危机、发展不可持续的困局。实践证明，生态文明是拯救地球生物圈、实现人与自然和谐、发展与环境双赢的唯一出路。

我国党政领导一向重视环境保护和生态文明建设。从 20 世纪 90 年代把"可持续"确立为国家发展战略，党的十六大强调"走新型工业化道路"、建设"生产发展、生活富裕、生态良好"的小康社会，十六届三中全会做出"树立和落实科学发展观"决定，到党的十七大明确提出"建设生态文明"、"建设资源节约型、环境友好型社会"，以及坚持"又好又快发展"、"发展与环境双赢"等一系列战略方针的确立和实施，充分表明了中国人民走生态文明、科学发展之路的坚强意志和决心。

半个世纪以来，国际社会和各国政府为推进环境保护和可持续发展做了很大努力，也见了一定的成效，但总的来说效果有限，全球生态退化、环境危机依然如故。这说明，工业文明所导致的环境问题根深蒂固，生态修复、环境治理任重而道远。这绝不是仅仅靠多方会商、签约、承诺所能奏效的，而要害在于实行人类文明转型，真正以生态文明取代工业文明，从发展理念、生产方式、消费方式到人们的人生观、价值观和伦理道德，来一次革新式的转变，以匡正人与自然、发展与环境、人与人、人与社会被扭曲的关系，真正做到公平、公正、正义。为此，国际社会和有关研究机构、专家学者，多年来已经做了许多研究、探索，并取得了可喜进展，但还远没有把相关的问题搞深透、搞明白并加以解决。比如，人类与自然究竟是主宰被主宰、征服被征服的关系，还是平等、共生共存共繁荣的关系？大自然孕育抚养了人类，人类应不应当知恩图报、敬重呵护自然？人类为了生存发展，是否一定要以牺牲生态环境为代价？同是地球村的村民，其他生命群体应不应当享有生存权、发展权？为了一时的快速发展，"杀鸡取卵"、"竭泽而渔"值吗？对吗？人类欠了生态那么多的债，要不要偿还？肆意侵占他人、他国和公众的生态环境权益而谋取利益，以及做长辈的透支子孙后代的资源谋求一己之利，这道德吗？公正吗？以及如何在人们中间补生态道德文化课，将人伦道德文化应用于自然生态？等等。显然，只有将这些难以解决又必须解决的问题真正破解了，"拨乱反正"了，走出生存危机、实现可持续发展才会成为可能。我们从事生态文明研促工作的同事们，就是要在这样一些要害问题、关键问题上下功夫，狠下功夫，并力求创新突破，为国家乃至世界的生态文明、科学发展作出应有贡献。

中国生态文明研促会是联系并组织社会力量协助党和政府积极推进生态文明建设的社团组织。全体成员都是志愿者。我们大家都要珍惜并利用研促会这个难得的平台，有所作为，有大的作为，多出高质量的研究成果，为各级党政领导决策提供咨询、建言献策，为促进生态文明建设多作贡献，以不负众望。

环境无国界。全球环境恶化危及世界各国人民，破解生存危机、实现可持续发展是国际社会、世界各国和所有地球村民共同的责任，更是各国领导者、企业家、科技工作者和相关研究机构的责任。让我们大家紧密团结，相互合作，加强交流，同心协力，以高度的使命感和非凡的勇气、智慧，把推进生态文明建设这项神圣、伟大、意义深远的事业办好！

陈宗兴会长在中国生态文明研究与
促进会成立大会上的讲话

尊敬的姜春云总顾问，

各位朋友、各位来宾：

首先，请允许我代表中国生态文明研究与促进会，向为研促会发起和成立作出重大贡献的姜春云同志等老领导、老同志表示崇高的敬意！对环境保护部和民政部等部委领导，以及所有为研促会的成立提供大力支持的单位和同志们、朋友们表示衷心的感谢！对全体与会代表表示热烈的欢迎！

刚才，李干杰同志宣读了贾庆林、习近平、李克强、回良玉、李源潮、杜青林等中央领导同志发来的贺信和作出的重要批示。这些贺信和批示对我会的成立表示了热烈的祝贺，强调了加强生态文明建设的重大意义，要求我们按照中央决策部署，深入贯彻落实科学发展观，大力宣传生态文明理念，加强生态文明综合性、全局性、前瞻性问题研究，充分发挥桥梁纽带作用，广泛动员全社会力量参与生态文明建设，积极为党和政府推动绿色发展、建设"两型"社会建言献策，在推动科学发展、生态文明建设和促进社会和谐中充分发挥应有作用。这些重要指示，为我们扎实做好生态文明研究与促进工作指明了方向。

正如各位中央领导同志所强调，无论从人类文明发展的历史进程还是从我国转变经济发展方式的迫切需要来看，我们都亟须探索一种崭新的发展模式，走出一条不同于以往的发展道路。我们理解，这条新道路的核心，就是要在工业文明的基础上，推进新的发展理念、发展方式和消费模式，实现人与自然和谐、发展与环境双赢的科学发展，跨入人类生态文明的新时代。

正是基于对生态文明建设重要性的深刻认识和战略考虑，在有关方面的大力支持下，我们成立了中国生态文明研究与促进会，成为第一家以推进生态文明建设为主要职能的全国性社会团体。我们也将以此为新的起点，努力为开启我国生态文明研究与促进工作的新篇章贡献智慧和力量。

研促会是一个以聚集全国有志于生态文明建设力量，深入研究生态文明建设的重大问题，积极推进生态文明建设为宗旨的专业性、公益性、非营利性的社会团体。自研促会筹备以来，党和国家领导人以及社会各界都给予了热切期望，期待我们努力把研促会办成"国内一流，国际驰名"的社团组织。要达到这样的目标，就需要我们坚持正确的政治方向，遵守国家法律法规，遵守研促会章程，民主办会、廉洁办会，围绕大局、发挥专长，锐意进取、勇于创新，深入研究和把握生态文明建设的客观规律，拿出一批高质量的研究成果，抓出一批有特色的示范典型，努力完成好党和国家赋予的历史使命。

自 2010 年年底研促会全国会员代表大会以来，我们按照大会要求，明确了重点研究任务，开展了生态文明区域创建等活动，初步完成了办事机构组建等工作。根据中央领导同志对我们的要求和国家生态文明建设的总体战略部署，研促会下一步将坚持以科学发展观为统领，抓紧开展我国生态文明宏观战略研究，深入研究破解我国生态文明建设中的重大课题；围绕贯彻"十二五"规划，会同有关部门积极开展生态文明建设政策体系研究；在现有生态文明建设目标指标体系、考评办法研究基础上，围绕生态文明创建工作，开展不同模式的研究；围绕全球生态热点问题，广泛开展生态文明建设理论与实践的比较研究。与此同时，积极配合各部门、各系统的生态文明创建工作，特别是在生态省、市、县和生态文明示范区建设中，切实发挥应有作用。我们要努力发挥政府与社会间的桥梁纽带作用，凝聚并联合全社会力量，推动形成共同参与、共同建设、共同分享的生态文明建设新格局，大力促进生态文明事业的发展和进步。

今天这么多关心和支持生态文明事业的各界人士光临研促会的成立大会，我们在深感荣幸、十分高兴的同时也倍感责任重大。我们相信，有党和国家领导人的高度重视和亲切关怀，有春云总顾问、各位顾问、生贤部长以及环境保护部和各有关部委的悉心指导和关心，有众多有志于生态文明建设的同仁的热情支持和合作，我们一定能够把研促会办成一个"学习型、研究型、创新型、务实型、开放型"的社会团体，不断取得生态文明研究与促进工作的新业绩，为推动科学发展、促进社会和谐作出新的更大的贡献！

周生贤同志在中国生态文明研究与促进会
成立大会上的讲话

尊敬的春云同志、宗兴副主席，

各位来宾，同志们：

今天，中国生态文明研究与促进会正式成立。党和国家领导同志贾庆林、习近平、李克强、回良玉、李源潮、杜青林专门为研促会成立分别发来贺信或作出批示，对推进生态文明建设，实现我国经济社会全面协调可持续发展，提出殷切期望。春云同志、宗兴副主席作了重要讲话，对生态文明建设和做好研促会工作提出了新的要求。我们要认真学习领会，在今后的工作中切实加以贯彻落实。我代表环境保护部，向关心、支持研促会创建与发展的各位领导、各位来宾和各界人士表示衷心感谢！

党中央、国务院高度重视生态文明建设。党的十七届五中全会通过的《中共中央关于制定国民经济和社会发展第十二个五年规划的建议》明确提出，"加快建设资源节约型、环境友好型社会，提高生态文明水平"。胡锦涛总书记强调："建设生态文明，实质上就是要建设以资源环境承载力为基础、以自然规律为准则、以可持续发展为目标的资源节约型、环境友好型社会。"前不久，国务院发布《关于加强环境保护重点工作的意见》，开宗明义地指出，为深入贯彻落实科学发展观，加快转变经济发展方式，提高生态文明建设水平，就加强环境保护重点工作提出意见。《意见》的标志性成果是，提出积极探索代价小、效益好、排放低、可持续的环境保护新道路，建立与我国国情相适应的环境保护宏观战略体系、全面高效的污染防治体系、健全的环境质量评价体系、完善的环境保护法规政策和科技标准体系、完备的环境管理和执法监督体系、全民参与的社会行动体系。《意见》明确要求，推进生态文明建设试点，制定生态文明建设的目标指标体系，纳入地方各级人民政府绩效考核，考核结果作为领导班子和领导干部综合考核评价的重要内容，作为干部选拔任用、管理监督的重要依据。这为我们进一步做好环保工作、积极探索环保新道路、全面推进生态文明建设指明了方向。

人类文明的发展经历了原始文明、农业文明和工业文明，目前正处于工业文明向生态文明过渡的阶段。工业革命以来，人类创造了无与伦比的物质财富，同时也付出沉痛的环境代价。生态文明是一种积极、良性发展的文明形态，不是不要发展，放弃对物质生活的追求，回到原生态的生活方式，而是提高资源产出率，转变生产生活方式，从而在更高层次上实现人与自然、环境与经济、人与社会的和谐。

我国已具备全面推进生态文明建设的时机和条件。我国正处于工业化、城镇化快速发展的时期，发展中不平衡、不协调、不可持续的问题依然突出，资源环境约束日趋强化。在这样的国情下，我们既要补上工业文明的课，又要走好生态文明的路，任务十分艰巨。令人倍感欣慰和充满信心的是，生态文明理念日渐深入人心，成为广大人民群众的自觉行动；经济发展方式加快转变，有利于建成符合生态文明要求的产业结构和生产方式；环境保护从认识到实践发生的重要变化，为提高生态文明建设水平创造了有力的条件；国家和地方财政实力的不断增强，有能力加大对生态文明建设的投入。这一切充分表明，建设生态文明的思想意识、经济基础、体制机制正在形成，需要趁势而上，大有作为，早出成效。

环境保护是生态文明建设的主阵地，必须从更高层次、更广阔的范围来审视和解决我国的生态环境问题。环保工作者要做生态文明的倡导者，促进生态文明成为全社会的主流价值；要做生态文明的引领者，探索一条代价小、效益好、排放低、可持续的环境保护新道路；要做生态文明的践行者，推进资源节约型、环境友好型社会建设。

研促会是我国第一个以生态文明命名的全国性社团组织，其成立为深化生态文明的理论研究，推动生态文明建设提供了广阔平台和坚实载体。

借此机会，我对研促会工作提三点希望。

第一，充分发挥智囊智库作用。深入研究我国生态文明建设中具有前瞻性、全局性、战略性的重大课题，多出高质量、高水平研究成果，为政府科学决策提供依据。

第二，充分发挥支撑服务作用。加强对生态示范创建和生态文明建设试点的技术支持，适时总结推广成功经验和模式，促进生态创建活动不断走向深入。

第三，充分发挥桥梁纽带作用。知识和理念之美在于相互交流、共同分享。大力普及生态文明理念和知识，为生态文明建设营造良好社会氛围，动员全社会携手共进。

研促会工作的顺利开展，离不开各部门、各方面的关心和支持。环境保护部机关各部门、各派出机构和直属单位要在重大课题研究、生态创建试点示范、宣传教育培训、国际合作以及研促会自身能力建设等方面，坚决支持，有钱出钱，有人出人，有力出力，切实为研促会的发展壮大办实事、解难事、做好事。地方各级环保部门也要重视生态文明研究促进工作，推动形成上下协调、合作联动、社会共建的生态文明建设大格局。

生态文明建设的前景绚丽多姿，生态文明建设的过程布满艰辛。希望大家抱着一份执著，胸怀一腔激情，肩负一种责任，用你们的智慧、心血和汗水，引领社会意识和行为，为我国经济社会协调发展、人与自然和谐相处作出新的更大贡献！

中国生态文明研究与促进会

第一届（苏州）年会

一、领导讲话与《苏州宣言》

姜春云同志在中国生态文明研究与促进会
第一届（苏州）年会上的致辞

同志们，朋友们：

首先，我向参加中国生态文明研究与促进会第一届年会的全体代表致以亲切问候！向承办年会的苏州市委、市政府表示衷心感谢！

时下，环境危机、发展不可持续的困境，直接危及人类的生存与发展，是全球最为重大、紧迫的问题。而走出这一困境的根本出路在于转变不惜以牺牲生态环境为代价、追求财富积累的工业文明发展理念，代之以"人与自然和谐、发展可持续"为主要特征的生态文明发展理念，切实转变非理性的发展方式和消费方式，走生态、绿色、低碳、循环经济之路，推进经济社会生态化，实现人口、资源、环境协调发展、可持续发展。

我们党在倡导树立和落实科学发展观的基础上，明确提出并积极推行生态文明建设。这是具有远见卓识、划时代意义的重大战略举措，对于我国乃至整个世界破解环境危机、步入可持续发展的良性循环，无疑是必不可少的最佳选择。中国生态文明研促会就是在这个大背景下应运而生，并坚持为生态文明建设服务的社会团体。一年来，生态文明研促会经过大量的筹备工作，终于在前不久宣告成立，并开始了起步的工作。研促会这个新生事物的诞生，受到了党中央、国务院领导同志的高度重视和亲切关怀，受到了热心于生态文明建设的广大干部、群众和专家学者的积极称赞和拥戴，并得到了环保部、民政部的大力支持，这昭示着什么呢？昭示着我们的生态文明研促会的工作有广阔而美好的前景。

各位代表、朋友们，再过十几天，将迎来 2012 年，在新的一年里，我们研促会应当做些什么，以及怎样开展工作？这是需要全体与会同志认真思考、研究的一个重要问题。我想，在新的一年，研促会应当按照党中央、国务院关于生态文明建设的总体部署，以邓小平理论和"三个代表"重要思想为指导，深入贯彻落实科学发展观，与时俱进，开拓创新，在生态文明研究和促进这两个方面，起好步，开好局，取得一批优质高效、在国内外有较大影响的成果，抓好几件对生态文明研究与促进有决定意义的大事、实事，创造优异的成绩，为我国经济社会发展和生态修复、环境保护作出较大的贡献。具体地说，有以下八个需要注重抓好的事项。

一、关于生态文明的理论研究

对什么是生态文明，生态文明的本质、特征、理念、内涵，国内外有关专家学者和研究机构，有各种不同的认识、概括和表述。对此，我们应当结合中国的实际，给以科学的界定、阐释，并在理论研究上有新的创见、概括和发展。

二、关于转变发展理念的研究

推进生态文明建设，首要的是转换人们的发展理念。是继续因袭片面追求经济增长、无视生态环境承载力、以 GDP 论英雄的工业文明理念，还是坚持人与自然和谐、发展与环境双赢、可持续的生态文明理念？这是一个非常重大、又亟待破解的问题，如能在这方面取得突破性研究成果，贡献就大了。

三、关于发展绿色经济、低碳经济、循环经济、生态经济的研究

目前国内外这方面的研究已有不少的成果，但真正系统、有深度、富有感染力和说服力的成果还很罕见。我们应当在这方面集中力量，深入探讨，拿出若干有分量、有价值、能解决问题的研究成果。

四、关于防治环境污染破坏的研究

大气污染、水污染、土壤污染以及由此带来的食品污染，已成为全球一大公害，成为城乡公众关心的焦点。在这方面，国内外已有一批成熟的技术成果和典范实例。对此，我们应当加以综合研究分析，从我国国情出发，提出对策建议，为党政领导决策提供依据。同时，做好环境评估和项目咨询工作。

五、关于推进生态文明省、市、县、乡、村建设

我国的这项工作已经展开，并取得了可喜的成果。新的一年应当研究一批事迹突出的生态文明建设范例，总结成功经验，探索规律性的东西，并协助环保部推广这方面的典型。

六、关于国际交流与合作

推进生态文明和环境保护是国际社会和世界各国共同的责任。在这方面，各国都有自己的实践经验和技术创造，有些国家的环境保护和生态文明建设做得好，有可贵的经验、做法。我们研促会应当是开放型的，要面向全球，加强相互交流与合作，吸收国外一切有用的东西，与我国实践相结合，研究创造世界领先的生态文明理念、思路和政策、法规、技术模式。

七、关于自身建设

我们的研促会刚刚成立，无论在组织、制度、业务方面，还是在思想作风、工作方式方面，都还很不健全，亟需根据形势、任务的要求，按照国家有关规定和研促会章程，切实加强自身的建设。这是做好研促会工作的基本保障。新的一年，我们应当在这方面取得较大的进步。

八、关于加强学习问题

党中央号召要建设学习型政党、学习型群众团体。我们研促会要真正有所作为，争创国内一流、世界领先的业绩，多出高质量的成果，就必须特别重视学习，真正把本组织建设成为学习型、研究型、创新型的组织。全体研究会成员，都应当自觉投入到目前的学习热潮中，领导成员要以身作则，带头学习。发扬学以致用、理论联系实际、学习与实践相结合的优良学风，力求提高自身的思想水平和业务水平，成为名副其实的生态文明研究与促进的专家学者。

以上几点建议，供与会同志研究参考。

我相信，在环保部的指导和支持下，在陈宗兴会长的带领下，经过研促会全体同志的共同努力，一定能够开创研促工作的新局面，出色地做好各项工作，以优异的成绩向明年召开的党的十八大献礼。

陈宗兴会长在中国生态文明研究与促进会
第一届（苏州）年会上的讲话

各位代表，各位同志：

大家好！

今天，我们相聚苏州，召开中国生态文明研究与促进会第一届年会。在此，我谨代表中国生态文明研究与促进会，对光临本次年会的各位代表以及各位嘉宾和各界人士表示热烈的欢迎！向为本次大会提供大力支持的环境保护部以及江苏省和苏州市人民政府表示衷心的感谢！

刚才，维庆同志宣读了贾庆林、习近平、李克强、回良玉、李源潮、杜青林等中央领导同志给研促会成立大会发来的贺信和作出的重要批示；友民同志宣读了姜春云总顾问给本次年会发来的致辞。各位中央领导同志的重要指示，为研促会指明了发展方向，提出了明确要求，寄予了殷切厚望，充分体现了中央领导同志对生态文明事业的高度重视和对研促会的亲切关怀。我们一定要认真学习领会这些重要指示精神，切实把思想和行动统一到中央领导同志的要求上来，把智慧和力量凝聚到为建设生态文明而奋斗上来，以科学发展观为指导，深入研究和把握生态文明建设的客观规律，深入开展生态文明理论和相关重大问题的研究，大力宣传生态文明理念，扎实做好促进生态文明建设的各项工作，努力为推进生态文明建设、提高生态文明水平作出积极贡献。

本次年会的主题是"生态文明，绿色转型"。在座的同志都是长期关注和参与生态文明建设的各级领导和专家学者，具有扎实的学术功底和丰富的实践经验。在此，我谨结合学习中央领导同志重要指示精神，谈几点体会，算是抛砖引玉，供各位参考。

一、深刻认识建设生态文明的重要意义

正如各位中央领导同志所强调，建设生态文明，是推进中国特色社会主义事业的重大战略任务之一，是深入贯彻落实科学发展观的内在要求，是积极应对全球生态环境危机、共同呵护人类赖以生存的地球家园的必然选择。

纵观人类文明的发展史，人类社会经历了从畏惧、依赖自然的原始文明，适应、利用自然的农业文明到征服、掠夺自然的工业文明三个主要阶段。工业文明的飞速发展带来了生产力的空前解放，创造了巨大的物质财富，但同时也导致了全球生态退化、环境恶化、生物圈破损等严重危机，地球再也无力继续支持工业文明的这种发展。人类除了转变文明形态，迈向以人与自然和谐相处为主要特征的生态文明，没有别的选择。这是社会发展的必然规律，是不可逆转的历史潮流。

从我国经济社会的发展需要来看，改革开放以来，我国经济快速发展，创造了人间奇迹。但发展中付出的资源、环境代价过大；发展不平衡、不协调的矛盾突出；生态退化、环境污染加重；民生问题凸显以及道德文化等领域存在的消极现象，等等，严重制约了我国社会主义现代化宏伟目标的顺利实现。如何破解这些难题，走出困境，实现良性循环，事关改革发展大局和国家民族的前途命运。这些矛盾和问题靠传统的工业文明理念和思路是无法应对的，唯有坚持用生态文明的理念和思路，对发展中的矛盾、问题作统筹评估，理性调控，辩证施治，方能"举一反三"，化逆为顺，突破瓶颈制约，在新的起点上实现又好又快发展、可持续发展。

为此，党的十七大把建设生态文明作为全面建设小康社会的新目标，十七届五中全会又作出了提高生态文明水平的新部署，标志着我们党和国家对人类文明结构、文明进程认识的拓展以及对中国特色社会主义建设规律认识的深化，对于我国加快转变经济发展方式、破解日趋强化的资源环境约束、保障和改善民生、抢占未来国际竞争制高点，都具有重要的战略

意义和长远的历史意义。

我们一定要深刻认识生态文明建设的重大意义，积极开展生态文明建设的研究与促进工作，努力在理论研究和服务实践上多出成果，为推进生态文明建设、提高生态文明水平多作贡献。

二、研究把握生态文明建设的客观规律

生态文明是在人类社会进入现代工业高度发展阶段，在深刻反思工业化快速发展所带来的沉痛教训的基础上，人们认识和探索到的一种可持续发展理论、路径及其实践成果。生态文明不只是生态、环境领域的一项重大课题，更是人与自然、发展与环境、经济与社会、人与人之间关系协调发展、步入良性循环的重大理论与实践课题。

要建设生态文明，必须深入研究生态文明建设的客观规律，科学认知和正确把握生态文明的内涵和方向，积极探索生态文明建设的实现路径和方法。当前，我们应当在以下几个方面加强研究，有所建树：一是在文化价值上，要对自然的价值有清醒的认识，使人们的价值需求、价值规范和价值目标符合自然规律、生态规律的要求；二是在生产方式上，要推进传统生产方式的绿色转型，使生态产业和符合生态标准要求的产业在产业结构中居于主导地位；三是在生活方式上，要倡导科学、合理、适度的消费，使绿色消费成为人类生活的新目标、新时尚；四是在社会层面上，要推动生态化渗入到社会结构之中，实现人类活动对生态的最小损害并进行一定的生态建设，使人类与自然更加和谐。以上，我谨举例提出了几个值得我们关注的课题，像这样的课题还有很多。也希望大家发挥专长，各尽所能，推动生态文明建设的研究工作蓬勃发展。

做好生态文明建设的研究工作，需要掌握科学的研究方法，既要有定性研究，对生态文明建设涉及的生态经济建设、生态政治建设、生态文化建设、生态环境建设、生态社会建设等，作理论上、战略上的思考和研究；又要有定量分析，借助现代科技手段，对生态文明建设的考核评价体系、

"十二五"时期国家和地方生态文明建设目标和指标的设定等，作一些科学研究和分析；还要注重结合实际，围绕国家和地方实施"十二五"规划，推动经济社会绿色、可持续发展等方面，通过深入调查研究，掌握国情、吃透世情，提出具有科学性、针对性和可操作性的意见建议。这样，我们就可以争取在研究和把握生态文明建设的客观规律上，产生一批高水平的研究成果，积极为生态文明建设提供智力和动力支持。

三、凝聚力量为生态文明建设作出贡献

生态文明建设是一项宏伟的事业，涉及经济、政治、科技、教育、文化等各个方面，需要全社会的共同参与。中央领导同志在贺信和批示中明确要求，中国生态文明研究与促进会要深入开展生态文明理论和相关重大问题研究，大力加强生态文明宣传教育，动员凝聚社会各方面力量，共同推进生态文明建设的伟大实践。

2012 年是中国生态文明研究与促进会的开局起步之年，我们要充分发挥高端人才聚集的优势，团结有志于生态文明建设的各界人士，努力在生态文明建设研究与促进上，创造一流的业绩，取得丰硕的成果，不辜负中央领导同志和社会各界对研促会的殷切期望。春云总顾问在给年会的致辞中提出了八个方面的工作任务，我们要积极落实。在此，我再强调以下三个方面：

一是要深入研究生态文明理论。

要抓紧开展我国生态文明宏观战略研究，深入研究破解我国生态文明建设中的重大难题；按照"十二五"规划要求，积极开展生态文明建设政策体系研究；围绕生态文明创建工作，开展生态文明建设指标体系和考评办法研究；围绕经济社会发展绿色转型，大力开展重点区域、城市、行业和企业生态文明建设模式研究；围绕全球生态热点问题，广泛开展生态文明建设理论与实践的比较研究。我们要努力发挥好智囊、智库作用，积极为党和政府推动生态文明建设建言献策，为生态文明科学决策提供可靠依

据和参考。

二是要大力宣传生态文明理念。

要充分利用一切有利因素，发挥自身优势，通过多种渠道，利用各种方法，向全社会广泛宣传生态文明建设的基本理念，提高公众的生态文明意识，促进生态文明观念在全社会牢固树立；要积极建设宣传平台，传递办会理念，交流研究成果，不断提高研促会在社会上的影响力；要发挥政府与社会间的桥梁纽带作用，广泛凝聚社会力量，动员公众参与，形成合力，携手为推进生态文明建设不懈努力。

三是要积极推动生态文明创建。

要不断拓展区域和城市创建，切实加强对生态省、市、县和生态文明示范区等生态系列创建工作的服务，积极参与生态产业、生态环境、生态人居和生态文化等体系建设，努力为推进区域绿色、可持续发展作出贡献；要大力推进行业和企业创建，为节能减排、清洁生产和低碳经济、循环经济建设提供技术支撑和咨询服务；要积极开展社会创建，让生态文明进机关、进学校、进社区、进家庭，让生态文明创建之花在全社会缤纷绽放。

当前，我国经济社会发展已经站在新的历史起点上，我们正昂首阔步迈入生态文明新时代。可以说，当前是同志们发挥专业特长、大有作为的时期。希望大家能够通过本次年会，研究探讨新情况、新问题，提出更加具有针对性的建议，为我国生态文明建设事业贡献自己的真知灼见，为加强生态文明建设、提高生态文明水平作出更大贡献。

李干杰同志在中国生态文明研究与促进会
第一届（苏州）年会上的讲话

尊敬的陈宗兴副主席，各位来宾，同志们：

今天，我们大家怀着共同的心愿，聚首在太湖之滨灵秀的城市——苏州，出席中国生态文明研究与促进会第一届年会，共商生态文明建设大计，为促进绿色转型、实现经济可持续发展建言献策。在此，我代表环境保护部，向年会的召开表示热烈的祝贺！对各位领导和来宾长期以来对环境保护工作的支持表示衷心的感谢！

生态文明已经成为中国特色社会主义事业总体布局中的重要组成部分。党中央、国务院高度重视生态文明建设。十七届五中全会提出，"加快建设资源节约型、环境友好型社会，提高生态文明水平"。2011 年 10 月，国务院发布了《关于加强环境保护重点工作的意见》，其中明确要求：推进生态文明建设试点，制定生态文明建设的目标指标体系，纳入地方各级人民政府绩效考核，考核结果作为领导班子和领导干部综合考核评价的重要内容，作为干部选拔任用、管理监督的重要依据。在刚刚闭幕的中央经济工作会议上，胡锦涛总书记指出：2011 年，我国社会主义经济建设、政治建设、文化建设、社会建设以及生态文明建设和党的建设都取得了新的成绩。这些都表明，生态文明建设已经成为建设中国特色社会主义伟大事业的一项战略任务，要求我们积极探索实现环境保护与经济社会良性互动、协调发展的有效途径，探索解决环境保护难点和重点问题的新方法、新举措，从而在更高的层次上实现人与自然、环境与经济、人与社会的和谐，走出一条生产发展、生活富裕、生态良好的文明发展道路。

中国生态文明研究与促进会的成立是我国生态文明建设中的一件大事。在各相关方面的大力支持下，中国生态文明研究与促进会已经正式成立，并于不久前在北京隆重召开成立大会。特别使我们倍感振奋的是，研促会的成立得到多位党和国家领导人的重视，贾庆林、习近平、李克强、回良玉、李源潮、杜青林等领导同志为研促会成立分别发了贺信或作出批示。实际上，很多领导同志都是生态文明建设的积极倡导者。习近平同志在福建省和浙江省工作时启动了两省的生态省建设。李克强同志推动了辽宁省的生态省建设工作。李源潮同志推动了江苏省的生态省建设工作。环境保护部一直以生态省、市、县建设和生态文明建设试点为抓手推进生态文明建设。目前，全国已有 14 个省开展生态省建设，38 个县（市、区）建成生态县（市、区）并转为生态文明建设试点。下一步，我们将鼓励和支持更多的省、自治区、直辖市开展生态省建设，加快生态市、县建设。同时，将继续抓好生态文明试点工作。一是经环境保护部批准的 52 个生态文明建设试点，将在探索生态文明建设的目标模式、建立健全推进机制、加大环保投入、促进经济发展方式转变等方面发挥示范引领作用。二是不断拓展生态文明建设试点的范围，在环太湖地区和长沙大河西先导区，开展跨行政区域推进生态文明建设的试点，加强跨区域协调，统筹解决区域发展与环境问题，着力提升区域生态文明水平，并在取得经验后向其他地区逐步推广。三是开展行业生态文明建设试点示范，以煤炭、建筑、旅游、餐饮等行业为重点，制定行业生态文明建设的目标模式和考核评价体系，建立与相关部门、行业协会共同推进生态文明建设的互动工作机制，促进形成符合生态文明要求的行业运营模式和市场消费模式。四是开展生态文明水平的考核，建立生态文明建设指标体系和成效评估办法，自上而下建立一级评一级的生态文明评估工作格局，形成上下联动、共同推动生态文明水平提高的局面。这些工作由政府部门推动，也需要研促会等社会团体发挥重要的支撑作用。

本次年会以"生态文明，绿色转型"为主题，揭示了生态文明建设的重要内涵。胡锦涛总书记强调：建设生态文明，实质上就是要建设以资源环境承载力为基础、以自然规律为准则、以可持续发展为目标的资源节约型、环境友好型社会。温家宝总理在会见 2011 年中国环境与发展国际合作委员会外方委员时强调：世界经济面临着绿色转型。"十二五"期间，我们把落实科学发展观作为主题，把转变经济发展方式作为主线，其中很重要的一个方面就是要推进绿色、可持续发展，让人民生活得到改善，让群众享有的环境质量得到改善。总书记和总理的讲话揭示了绿色转型是建设生态文明的重点所在。环保部门将充分发挥环境保护在推动经济发展方式转变中的重要作用，提高环境准入门槛和环境标准，加快淘汰落后产能，通过污染减排形成的倒逼机制，推进传统产业技术升级和企业技术改造，推动绿色转型。大力解决影响科学发展和损害群众健康的突出环境问题，彻底摒弃以牺牲生态环境和人民健康换取经济增长的老路，使得环境与经济发展协调，民生与经济发展共进。大力发展环保产业，推动节能环保、循环经济、低碳技术等新兴产业和高新技术产业发展，并将其培育和壮大为新的经济增长点，确保在转型中发展。推动建立有利于绿色转型的体制机制，建立有利于环境保护和绿色转型的投融资机制，实施有利于环保的经济政策，发挥价格机制的调控作用，优化资源配置、提高利用效率、促进环境保护。

目前，环境保护部已经搭建了全国生态省论坛和生态文明建设试点经验交流会两个机制化的平台，两年一届交替举办，供各地交流经验、探讨生态文明推进方法，并研究部署一个时期内生态文明建设的重点任务和措施。我也希望研促会年会能够成为充分吸纳社会各界力量和资源，参与生态文明建设交流研讨的另一个重要平台。环保部将积极支持研促会年会的举办，也希望研促会能根据每年国家经济社会发展和环境保护热点难点问题以及生态文明建设中的关键问题，以特色鲜明的主题为切入点，深入探讨，凝聚共识，为生态文明建设壮声势、出建议、谋举措。生态文明内涵丰富，生态文明建设任重道远。研促会应认真学习领会党和国家领导同志批示精神，为生态文明建设作出应有的贡献。为此，一要加强生态文明的基础研究，把握生态文明的理论实质和生态文明建设的客观规律。二要做好各地的顾问参谋，为生态文明推进工作出主意、谋思路、做助手。三要加强生态文明的宣传，要通过系统的策划，在主流媒体开设生态文明建设宣传专栏，推动生态文明理念进机关、学校、社区、企业、家庭，使生态文明成为广大人民群众的自觉行动。

同志们，"十二五"是我国全面建设小康社会的重要时期，也是推动绿色发展、加快生态文明建设的关键时期，让我们携起手来，以高度的责任感和使命感，在各自的领域和工作岗位上，为建设资源节约型、环境友好型社会作出应有的贡献。我们相信，在大家的共同努力下，中国生态文明建设事业和绿色转型工程一定能顺利推进，结出累累硕果。

祝光耀同志在中国生态文明研究与促进会第一届（苏州）年会上的讲话

尊敬的陈宗兴会长，各位代表、各位来宾：

大家上午好！

根据会议安排，下面我就研促会今后一个时期的初步工作思路和明年工作安排向大家作一简要报告。

一、牢记宗旨，不辱使命

《中国生态文明研究与促进会章程》确定研促会的宗旨是：以邓小平理论和"三个代表"重要思想为指导，贯彻落实科学发展观，遵照党和国家生态文明建设的方针政策和战略部署，聚集全国有志于生态文明建设的力量，深入研究生态文明建设的重大问题，积极推进生态文明建设，坚持为生态文明建设服务。这一宗旨，高度概括了研促会的目标任务、历史使命和在推进全国生态文明建设中应发挥的作用。

上个月研促会成立大会在北京人民大会堂胜利召开，贾庆林、习近平、李克强、回良玉、李源潮、杜青林等党和国家领导人分别发来贺信和作出批示，对研促会的发展提出了殷切的期望，给我们指明了前进的方向。中央领导同志的亲切关怀，环保部等部委和各地各界的鼎力支持，让我们备受激励和鼓舞，也深感责任重大、使命光荣。

生态文明是一种崭新的文明理念，建设生态文明是时代赋予我们的伟大历史使命。当前，生态文明正日益成为思想理论界关注的热点，建设生态文明的热情在全国各地和各行各业也不断高涨。随着形势的发展，大量的理论和实践问题亟待我们去探索、破解。成立中国生态文明研究与促进会，就是要聚集各方面高端人才和实际工作者，深入研究、探讨我国生态文明建设中的各种疑难问题，积极参与和推动生态文明建设，为党和政府决策建言献策，为各地和各行各业提供动力智力支持。我们必须按照中央领导同志的指示要求，时刻牢记宗旨，自觉履行职责，充分发挥自身优势，注重求实创新，为我国生态文明建设尽职尽责，有所作为，不辱使命。只有这样，我们才能不辜负中央领导的关怀和厚爱，才能不愧对各级政府、社会各界和广大人民群众对我们的支持与期盼。

二、准确定位，高点起步

中国生态文明研究与促进会是全国性社会组织，我们的工作必须体现本团体高层次与高水平的基本要求。为努力实现"国内一流、国际知名"本社团组织的建设目标，我们必须树立"大视野、大联动、大接力"三大理念，发挥"智囊智库、支撑服务、桥梁纽带"三个作用，弘扬"团结奋进、开拓进取、勇于奉献"三种精神，努力加快"学习型、研究型、创新型"社团组织建设。为此，研促会工作应该有一个高的起点。

1. 要树立三大理念

一是"大视野"的理念。

"大视野"就是要以开阔的视野、全局的胸怀，从时间与空间、经济与社会、人与自然关系的角度和可持续发展的战略高度，全面审视和把握局部与全局、现在与未来、国内与国际、发展与保护等方面关系，深入研究、探索生态文明的科学内涵和建设生态文明的对策措施，而不是就事论事，就环境讲环境。只有这样，我们才能全面准确地认知生态文明的内涵和精髓，深刻把握生态文明建设的规律，真正担当起研究与促进生态文明建设的历史重任。

二是"大联动"的理念。

生态文明是一种新的社会形态，建设生态文明是一项新的战略任务和复杂的系统工程，需要聚集政府各个层级、社会各个层面和公民各个层次以及国际的各方力量，广泛动员，共同参与，协同作战，结成最广泛的联合统一战线，努力增强生态文明建设的凝聚力、战斗力。只有这样，才能使这一新的社会形态真正成为全民的自觉行动。

三是"大接力"的理念。

生态文明建设任重而道远，不可能一蹴而就，对其艰巨性、复杂性、长期性必须有充分的认识。要持之以恒，常抓不懈，政府应一任接着一任地抓，社会要一代接着一代地干，把历史的接力棒传承好，上下接力、新老接力、内外接力。只有我们的信念不变，工作力度不减，我们的目标才能实现。

2. 要发挥三大作用

一是发挥智囊智库作用。

研促会集聚了全国生态文明建设领域中的大批高端人才和一线工作者。我们要搭建平台，提供条件，围绕不同时期生态文明建设中的热点、疑点、难点问题开展调研，进行不同类型的试点示范，为各级党委、政府科学决策提供可靠依据，为创建工作提供动力智力支持，努力发挥好智囊智库作用。

二是发挥支撑服务作用。

当前，生态省、市、县（区）和生态文明示范区建设正在各地深入展开，与此相配套的指标体系、考核验收办法、规划编制指南以及重点地区、行业、部门的规划编制等需要不断地完善、健全，而其技术性、科学性要求都很高，研促会要充分发挥人才、技术优势，主动配合各主管部门、单位做好相关工作，努力发挥好支撑服务作用。

三是发挥桥梁纽带作用。

生态文明建设关乎国家安危、民族兴衰，同时又涉及社会各方主体的利益与得失。如何把国家意志转化为政府行为并成为群众的自觉行动，这是一个艰难、渐进与漫长的过程，期间各种疑虑、担心甚至对立在所难免。研促会应充分发挥社会组织宣传、教育、培训、维权等特有功能，勇当生态文明建设的促进派，充分发挥政府与群众间的桥梁纽带作用。

3．要发扬三种精神

一是团结奋进的精神。

团结奋进是一切事业成功和发展的力量之源，也是生态文明研究、促进工作有所作为的基石。研促会要团结一切可以团结的力量，调动一切能够调动的积极因素，建立最广泛的统一战线，充分发挥各方面的积极性、主动性，群策群力，协同奋进，形成推动生态文明建设的强大合力。

二是开拓进取的精神。

生态文明是一种新的人类文明形态，是一项前无古人的事业，没有现成的模式、经验可循。因此，必须积极探索，勇于实践，从没有路的地方走出路来；要从实际出发，抓住建设中的主要矛盾和问题，集中力量重点突破；要发扬敢为人先的精神，锐意进取，迎难而上。只有发扬开拓进取的精神，我们的生态文明事业才能永葆青春活力。

三是勇于奉献的精神。

创业难，开创新的事业更难。既然我们选择了生态文明这一崭新的事业，我们就必须树立勇于奉献的精神。奉献精神不能停留在嘴上、纸上，要通过具体行动来体现。要把思想和行动、认识和实践统一起来，不计名利，不计得失，以奉献为荣。在市场经济条件下，研促会作为一个公益性组织，我们特别需要倡导和发扬勇于奉献的精神。

三、迎难而上，扎实开局

研促会会员代表大会成立以来，在春云总顾问和宗兴会长的领导下，在环保部的大力支持和具体指导下，研促会秉承宗旨，攻坚克难，一年来各项工作顺利开展：完成了民政部注册登记手续，胜利召开了研促会成立大会；配合环保部成功举办了第一届全国生态文明建设试点经验交流会暨全国生态文明建设成果展；发起成立了生态文明促进基金；完成了"2012年生态文明研究与促进项目"、"生态文明建设指标体系和绩效评估研究项目"的立项、审批；参与了环保部开展的生态省（市、县）和生态文明示范区建设的考核、验收及相关规划的指导、评审；开展调查研究，完成了桐庐、安吉等地生态文明创建模式的研究；开通了"中国生态文明网"，并着手"中华生态文明"杂志的筹建工作；有序开展了相关规章制度及秘书处的能力建设。

九层之台起于垒土，千里之行始于足下。2012 年是研促会工作全面启动的开局之年，做好明年工作对研促会今后的发展至关重要。按照中央领导同志、姜春云总顾问、陈宗兴会长的批示要求和环保部周生贤部长提出的希望，新的一年，我们必须自我加压，迎难而上，扎扎实实做好以下工作，为今后的工作开展开好头、起好步。

——扎实开展课题研究工作。

要根据党的十七届六中全会精神和"十二五"规划要求，按照先易后难、重点推进的原则，积极开展生态文明的重点课题研究，主要是启动中国生态文明建设宏观战略研究的前期论证和准备工作；适时启动"十二五"我国生态文明建设的政策体系研究；精心组织，会同有关部门扎实开展生态文明建设的目标指标体系和考评办法研究；在深入调查研究的基础上，分步开展重点区域、城市、行业、企业生态文明建设模式研究；启动国内外生态文明建设理论与实践的比较研究。通过这些重点课题研究，为国家和地方生态文明建设提供决策依据，发挥好研促会智囊智库的作用。

——深入开展创建促进工作。

一是要积极参与全国生态省（市、县）和生态文明示范区等方面建设的规划编制、考核验收等技术服务工作，协助开展生态建设示范区和生态文明建设试点示范区的培训工作，积极探索农村生态文明建设的新途径、新举措；二是按照生态文明建设进社区、进行业、进企业的要求，着手研究城市社区、重点行业、企业、学校等生态文明建设示范的指标体系、考评办法、工作机制等，适时启动部分试点工作；三是会同有关部门、单位，着手编制不同部门、行业生态文明建设规划指南，积极参与重点地区、行业、企业生态文明建设规划编制工作，为社会创建工作主动提供好技术咨询服务。

——广泛开展宣传培训工作。

继续办好研促会年会、主题论坛、专题研讨等机制性和非机制性的高层研讨与交流活动，着力打造具有特色、凝聚各方、富有影响力的生态文明建设宣传品牌，深入开展生态文明教育培训、评选推介、咨询服务、维权惠民等工作，逐步扩大研促会影响，不断提升研促会工作水平；有条件时适时开展国际合作交流。

——大力加强会员队伍建设。

按照《中国生态文明研究与促进会章程》规定和要求，积极稳妥地发展好会员队伍，把热心于生态文明建设事业的单位、个人及在生态文明建设方面有造诣、有见解、有贡献的专家、学者和社会各界人士广泛吸收进来，真正组成生态文明建设的生力军和统一战线。

——切实加强秘书处自身队伍能力建设。

秘书处是研促会的具体办事机构，也是研促会事业不断发展的基本保障。要进一步完善研促会和秘书处的工作制度，建立健全横向之间的协调工作机制，确保秘书处工作运行顺畅、高质高效。同时要切实加强其队伍建设，按照事业发展的需要，优先充实各部骨干，按照"少而精"的原则，尽早配齐配好秘书处工作团队，按照"国内一流、国际驰名"的目标，锤炼一支能挑重担、敢打硬仗的队伍。

过去一年来，研促会求真务实、攻坚克难，各项工作取得了良好进展，为今后工作的开展打下了基础。这次年会以后，新的征程又将开启。根据党的十七届五中、六中全会精神，《国务院关于加强环境保护重点工作的意见》对我国生态文明建设又提出了新的更高要求，让我们秉承宗旨，奋发努力，与社会各界携手合作，为努力开创生态文明研促工作新局面，不断提高我国生态文明建设水平，作出新的更大的贡献！

阿希姆·施泰纳先生的贺信

中国生态文明研究与促进会：

　　值此 2011 年中国生态文明研究与促进会第一届年会在中国苏州举行之际，谨代表联合国环境规划署向会议表示热烈祝贺和良好祝愿！

　　人类历史发展的过程是各种文明不断交流、融合创新的过程。加强生态文明建设，维护生态安全，是 21 世纪人类面临的共同主题，是造福人类的千秋功业。年会的召开将为探讨创建资源节约型、环境友好型社会，促进人与自然和谐发展提供一个优质平台；并将通过相互交流和学习，汇聚各方力量和智慧，有效地促进生态文明建设和社会可持续发展。我们殷切期待贵会在今后的生态文明建设中发挥更大的作用。

　　联合国环境规划署致力于促进明智政策的制定，加强环境治理，推动绿色和低碳经济，以实现可持续发展。联合国环境规划署将继续与社会各界加强合作，为在中国尽早全面实现联合国千年发展目标，为人类社会的可持续发展作出积极贡献。

　　衷心祝愿并相信：中国生态文明研究与促进会第一届年会，在各位与会者的共同努力下，取得圆满成功！

联合国环境规划署驻华代表处

2011 年 11 月 17 日

※阿希姆·施泰纳（Achim Steiner）先生为联合国副秘书长兼联合国环境规划署执行主任。

生态文明　苏州宣言

改革开放 30 多年来，我国社会经济发展取得了举世瞩目的成就，但与此同时，我们与世界各国一样，正遭遇着一场严峻的生态危机，每个炎黄子孙都在为经济社会发展的资源环境代价过大而忧虑。

为应对危机，走出困局，探索新的文明发展道路，党中央高瞻远瞩，审时度势，明确提出了建设生态文明，作为中国特色社会主义事业的重要组成部分，利在当代，功在千秋，深得人心。

我们，来自全国各地参加中国生态文明研究与促进会第一届年会的近 400 位代表，齐聚苏州，共同探讨生态文明的重大理论和现实问题，深感面临着紧迫的时代任务，肩负着重大的历史责任。为无愧古人，不负后人，我们向全社会宣告：

我们认为：

生态文明是一种以资源环境承载力为基础，以遵循自然规律、经济规律和社会发展规律为法则，人与自然、人与社会、人与人和谐相处，经济社会可持续发展的文明。

生态文明是拯救地球生物圈，推动人类文明转型，实现人与自然和谐、经济与环境双赢的必然选择。建设生态文明是实现中华民族伟大复兴的必由之路。

生态文明与物质文明、精神文明、政治文明交融共进。建设生态文明是一个长期、复杂和艰巨的过程，需要生产力与生产关系、经济基础与上层建筑的深刻变革，需要政府强力推动、企业积极响应、社会组织倡导和公众广泛参与。

我们呼吁：

把建设生态文明上升为国家意志，从政治、经济、文化、社会诸方面多管齐下，构建有利于生态文明建设的产业体系、制度体系、环境体系和文化体系，使生态文明观念在全社会牢固树立。

加强有利于生态文明的产业体系建设。以建设资源节约型、环境友好型社会为目标，探索经济结构、生产方式和消费模式的转变，使各类经济活动更加符合自然规律和经济社会发展规律。大力培育和发展循环低碳环保的战略性新兴产业，使之成为经济转型升级的旗舰产业。

加强有利于生态文明的制度体系建设。发挥政府在生态文明建设中的公共管理和社会服务作用；通过法制建设、行政建设、民主建设，完善政绩考评机制，使生态文明建设制度化、常态化。维护公众的生态环境权益，实施生态环境违法违规责任追究制度，引导各级领导干部增强保护和改善生态环境、建设生态文明的自觉性和主动性。不断激发广大民众参与生态文明建设的热情，保障民众的知情权、参与权。

加强有利于生态文明的环境安全体系建设。切实加强环境污染治理和生态环境保护，建设并不断完善环境安全体系。强化实施行业节能、企业节能、项目节能和工程减排、结构减排、管理减排，严格控制主要污染物排放总量。严格实施生态功能区域规划管理，处理好保护与发展的关系，坚持在发展中保护，在保护中发展。

加强有利于生态文明的文化体系建设。促进传统文化和现代文化的融合，弘扬生态道德，强化宣传教育，提高人们对生态文化的认同，不断增强人们生态意识和行为的自觉性、主动性与责任感。按照人与自然和谐相处的时代要求，深入研究和传播生态哲学、生态伦理、生态教育、生态文艺、生态美学，不断深化生态文化建设。

我们倡议：

政府在生态文明建设中充分发挥主导作用，时刻牢记"不重视生态的政府是不清醒的政府"，尽快建立生态文明建设的目标指标体系并纳入地方政府政绩评价考核体系，把生态文明建设作为实现好、维护好、发展好人民群众根本利益的一项重要任务。

企业在生态文明建设中充分发挥主体作用，时刻牢记"不重视生态的企业是没有希望的企业"，积极承担社会责任，在追求经济效益的过程中努力把环境和生态成本降到最低程度，自觉而主动地走资源节约、环境友好的道路。

干部群众在生态文明建设中充分发挥主人翁作用，时刻牢记"不重视生态的干部是不称职的干部，不重视生态的公民不能算是具备现代文明意识的公民"，争做生态文明建设的倡导者、推动者和践行者。

社会组织在生态文明建设中要充分发挥桥梁和纽带作用，集纳中外智慧，凝聚各方力量，万众一心，共筑人类生态文明新的长城。

困境催生觉醒，危机孕育希望。全社会积极行动起来，在生态危机面前，每个有良知的公民都应有清醒的认识，深刻理解建设生态文明的重大意义，深入研究把握生态文明建设的客观规律，扎实开展生态文明创建，广泛传播生态文明理念，大力倡导低碳绿色的生产生活方式，积极培育崇尚生态文明的社会文化氛围，让生态文明的理念与实践永续承传。让我们携手共进，为缔造人类生态文明的美好未来不懈奋斗！

中国生态文明研究与促进会第一届年会

2011 年 12 月 18 日　中国　苏州

二、主旨发言与高层研讨

关于生态文化的几点思考
——在 2011 生态文明研促会年会的发言

全国政协人资环委副主任、中国环境科学学会理事长

王玉庆

党的十七届六中全会提出要推动社会主义文化大发展、大繁荣。我们今天探讨"倡导生态文化，促进绿色消费"可谓恰逢时宜。

有一种说法，即生态文化是社会主义文化必然的组成部分，因为其涉及世界观和价值观的问题。随着近代自然科学的发展建立起来的机械论自然观，催生了资本主义制度，以满足"经济人"获取物质财富无限欲望的市场经济理论，繁荣了资本主义社会，大量生产、大量消费、大量废弃的发展模式，促成了人类中心主义、否定自然内在价值等西方主流伦理思想和价值观念。我们现在倡导建设生态文明（或者生态文化）就是希望能改变这种发展模式，走出一条新路来。作为立志建设有中国特色社会主义强国的中国，能否解决这些问题，不但要看我们说的，更要看我们做的。

生态文化是一个很大的题目，我今天仅就会议主题谈三点相关的看法。

一、生态文化与生态文明的关系

文化从广义上讲，是人类在社会历史发展过程中所创造的物质财富和精神财富的总和，可分为物质、制度、习俗、思想价值观念等多个层次。狭义上讲，主要指所创造的精神财富，包括一个国家或民族的历史、地理、风土人情、传统习俗、生活方式、文学艺术、行为规范、法规制度、思维方式、价值观念等。中国古语中"文"的本义，指各色交错的纹理，寓意

社会生活中人与人之间纵横交错的网络及其内在的人伦规律，其引申意义：一为文字、典籍、制度，二为伦理修养，三为美、善、德行等。"化"，本义为改易、生成、造化，是指事物形态或性质的改变，同时"化"又引申为教育、劝善之义。"观乎天文，以察时变；观乎人文，以化成天下。"在汉语系统中，"文化"的本义就是"以文教化"，它表示对人的性情的陶冶，品德的教养，本属精神领域之范畴。随着时间的变迁和空间的差异，现在"文化"已成为一个内涵丰富、外延宽广的多维概念。

文明是指人类所创造的财富的总和，既包括物质财富，也包括精神财富，一般指社会进步或社会发展到较高阶段的标志。汉语"文明"一词，最早出自《易经》，曰："见龙在田、天下文明"。《尚书》中讲"经天纬地曰文，照临四方为明。"西方国家使用这一词汇，其意义是相通的，即指人类脱离愚昧而开化、社会经历黑暗而走向光明，是社会进步和发展状况的一种标志。

文化与文明在许多意义上是相通的。有些学者认为，文化包括文明，即文化所包含的概念要比文明更加广泛。其区别主要如下：

（1）文化通常与自然相对应，而文明一般与野蛮相对应。

（2）从时间上来看，文化的产生早于文明的产生，可以说，文明是文化发展到一定阶段中形成的。普遍认为文明是较高的文化发展阶段。

（3）从空间上来看，文明没有明确的边界，它是跨民族的，也可以是跨国界的，它的承载者一般以地域划分；而广义的文化泛指全人类的文化，相对性的文化概念是指某一个民族或社群的文化，承载者是民族或族群。"文明"具有国家或地区性，"文化"具有民族性。可以说中国文明，但一般不说汉族文明，可以说汉族文化。

（4）从形态上来看，文化偏重于精神和规范，而文明偏重于物质和技术。文明较容易比较和衡量，较易区分高低，而文化则难以比较优劣。

（5）从词义来看，"文化"是中性的，使用范围很广；而文明是褒性的。

生态文明是人与自然和谐的一种文明形态，从广义上讲，生态文明是指人类遵循人、自然、社会和谐发展的客观规律，利用自然、改造社会而取得的物质与精神成果的总和。从狭义上讲，生态文明则是人类文明的一个方面，即人类在处理与自然的关系时所达到的文明程度，其目的是使人类社会与自然界处于一种和谐共生、良性互动的状态。

生态文化一般意义上是可以用生态文明的词义理解的，是人类在利用自然界的过程中创造的文化成果。亦可以认为生态文化是探讨和解决人与自然之间复杂关系的文化。

如果说不同点的话，生态文化相对于生态文明的概念而言，是一个内容更为复杂和广泛的概念。生态文明可以看做是由生态化的生产方式所决定的全新的文明类型，它所强调的是所有社会成员与自然相互作用所具有的共同特征和最终实现与自然和谐共进的目标。生态文化则是不同民族在特殊的生态环境中多样化的生存方式，它更强调由具体生态环境形成的民族文化的个性特征。从本义上讲，生态文化是中性词，即可以有先进落后之分。而生态文明则是一种和谐进步的文明。

二、优秀传统文化的继承与现代生态文化

文化是一种历史现象，是有传承性的。我们现在探讨生态文化离不开对中国优秀传统文化的继承，有哪些传统文化中优秀的成分对我们当代建设生态文化有重要意义呢？我想至少有以下几点。

（一）"天人合一"，人与自然同一本源

"天人合一"的思想虽然古代和现代的学者们都有不同的解读，但我赞成张岱年先生的说法："天人合一"的深刻含义为：人是天地生成的，与天的关系是局部与整体的关系，人与自然应和谐相处。《周易》写道："有天地然后有万物，有万物然后有男女"。道家也有"道生万物"的说法，这里的"道"指天地万物之始。这些思想说明了，人与自然是同一本源，人是自然的一部分，是一个有机的整体。

其次，这里"天"的运行是有其规律的，我们应该认识到这一规律，遵循这一规律。荀子讲："天行有常，不为尧存，不为桀亡"。这些思想为反人类中心主义奠定了哲学基础。

（二）仁爱万物，尊重生命的价值

"仁"是儒家的核心思想之一。从"仁者爱人"扩展到"仁者爱物"，体现了对生命和大自然的尊重。中国人从小受到的教育即"人之初，性本善"，"己所不欲，勿施于人"，至今是中国传统文化为人类文化贡献的、最有价值的伦理思想，得到国际社会的高度认可。

《史记·孔子世家》记有"丘闻之也，刳胎杀夭则麒麟不至郊，竭泽涸渔则蛟龙不合阴阳，覆巢毁卵则凤凰不翔。何则？君子讳伤其类也。夫鸟兽之于不义尚知辟，而况乎丘哉！"珍爱生命、保护生物是我们今天自然保护的核心要义。民间传统的谚语感人至深："劝君莫打枝头鸟，子在巢中待母归"。这种人类对生物的关爱不能仅仅看做是一种科学的认知，而是性善的人类情感归属的需要，儒家把这看做是"孝"和"义"的体现。这些思想应该成为现代生态伦理学的重要支撑。

（三）顺应自然，完善人生

《道德经》说："人法地，地法天，天法道，道法自然"。强调了遵循自然规律，这就是自然之道。"道生万物，德育万物"，为此要尊"道"、守"德"，厚德载物。《逸周书》载有夏代的禁令："禹之禁，春三月山林不登斧，以成草木之长；入夏三月川泽不网罟，以成鱼鳖之长。"这种顺应自然规律的思想，对人自身的完善及社会发展进步都是非常重要的。

我们自古就有建居室要看风水的说法，"顺乎天而应乎人"。"门前一湖水，日照光明升"，"风送水声来耳畔，月移山影到窗前"。这种追求淳朴自然的生活既有利于缓解世俗社会紧张的劳作，也有利于人的生存和心灵的净化。天时、地利、人和是个人事业光明、国家富强不可或缺的要素，实际讲的是人与天地相参，与自然和谐是重要的条件。

（四）倡导节俭、少私寡欲的生活理念

中国传统文化中提倡人的生活要节俭。老子道："见素抱朴，少私寡欲"，"我有三宝，一曰慈，二曰俭，三曰不敢为天下先"。如庄子所说："平为福"。荀子曰："强本而节用，则天不能贫"。这方面的论述很多，讲的是人生要心地纯正、生活俭朴、知足常乐，才会有幸福。过分追求物质享受，追求名利等身外之物，必被其所累。"水利万物而不争"，正是我们现在倡导的不盲目追求物质享受、多为社会奉献、努力丰富精神生活的绿色生活理念。这也应该成为我们价值观的组成部分。

（五）天人相分，参天造天

中国古人不但讲"天人一体"，还强调"天人相分"。就是说既要顺天，更要掌握自然规律，因势利导，为人类谋福利。《中庸》有："能尽物之性，则可以赞天地之化育；可以赞天地之化育，则可以与天地参矣"。《周易》也提出："裁成天地之道，辅相天地之宜"。讲的是天地能育化万物，但需要人力赞助其育化功能。最有说服力的是，中国超过五千年的农业发展史，许多符合生态规律的耕作制度，如秸秆粪便还田、桑基鱼塘、兴修水利，等等，不仅生产出多种多样的农产品，养活了世界上最多的人口，而且能长期保持土壤的肥力，形成了众多人杰地灵的区域。

当然，这种对自然的利用要顺应自然的规律。荀子提出："污池渊沼川泽，谨其时禁，故鱼鳖优多而百姓有余用也；斩伐养长不失其时，故山林不童而百姓有余材也。"明末清初的哲学家王夫之提出了"天之所死，尤当生之；天之所愚，尤当哲之；天之所无，尤当有之；天之所乱，尤当治之"，改造自然的气魄很大。这里特别提到"天之所愚，尤当哲之"，就是告诫人们，对自然的客观规律并不一定能完全掌握，可能会造成损失，要提高警惕，汲取教训，总结经验，加以规避。

中国传统文化博大精深，从各位专家的论述中总结出一些初步想法，仅仅是点了题，供大家参考。

三、提高全民生态文化素养

文化是民族的血脉，是人民的精神家园。倡导生态文化，其核心任务是，需要通过各种途径和方法，潜移默化地影响人们的精神思想，从而提高全民的生态文化素养。

（一）提高生态文化素养首先要转变观念

生态文化素养的提高，不仅是环境科学知识的宣传普及，更重要的是价值观念的转变。首先，要转变对经济与环境关系的认识。过去从经济发展的角度把环境看做经济的子系统，这种观点导致了对资源环境的过度掠夺和破坏，反过来使经济发展遇到了资源环境瓶颈，并威胁到人类的可持续发展。现在应转变观念，把经济看做是环境的一个子系统，使经济社会发展建立在环境可承载和资源可持续的基础上。

第二，要转变人类生活的价值目标。追求高质量的生活是人类的天性，但什么是高质量的生活，不同价值观的人有不同的看法。过分追求经济利益和物质享受，不但降低了人的精神境界，而且使人类与自然的冲突日益激化。因此必须改变这种经济增长至上，高投入、高消费的生产和生活方式，树立一种以适度节制物质消费，避免或减少对环境的破坏，有利于健康，有丰富的精神文化生活，崇尚自然和保护生态的生活理念。

（二）生态文化素养教育的特点

提高全民生态文化素养的教育，是一种持续的终身教育，既要从孩子抓起，养成良好的习惯，又要重视对成年人的宣传和教化；提高全民生态文化素养的教育是一种全民参与的教育，不能只依靠教育部门来完成，需要社会各部门、各阶层的共同推动；提高全民生态文化素养的教育是一种综合的教育，不能采取传统的分割学科的方法来加以实施，因为这种知识本身就是众多自然科学和人文社会科学知识的综合体，应该开创新的教育方法来进行。文化的传播，既有轰轰烈烈的形式，但更多的是采用春风化雨、润物无声的方式。观念的转变、习惯的养成，说教很重要，攻心至上。

但有力的外部约束是必不可少的条件。培养生态文化素养必须与社会相应的法规制度建设及这些法规得到严格的执行相结合，不可能设想在一个纲纪松弛的国家，能提高人们的生态文化素养。

（三）生态文化教育应体现国家和民族特色

尽管生态文明可能是未来所有国家和民族共同追求的新的文明形态，但是正如文化的民族差别一样，它都会具有各个民族的特点，只能通过不同国家和民族以自己的独特方式来实现。生态文化教育应该把现代生态科学知识的教育融合进本民族的生态文化传统中，既要重视知识的传授，更要重视道德和价值观念的培养，充分挖掘和发挥我国优秀传统文化这方面有价值的思想是非常必要的，也是我们的特色和优势所在。

（四）大力开展环境科普，提高全民生态文化素养

节约能源资源、保护生态环境是科普工作最具基础性的主题。提升公民的环境科学素质，对于倡导生态文化、建设生态文明，具有重要的意义。当前和今后相当长一段时间，资源环境问题将一直是我国现代化建设面临的重大挑战，除了要综合运用法律、经济、行政、技术等手段解决环境问题外，通过生态环保知识的普及，提升公民的环保素质，使公众从了解、掌握相关知识，到提升生态价值观念，最终自觉参与环境保护，是有效实施国家环境法律和政策、保护自然生态、防范环境污染的一项基础性工程。

由于自己尚未作深入研究，也考虑到时间有限，今天仅仅提出问题与大家共同商榷。希望大家能畅所欲言，互相启迪，有所收获，为我国生态文明的理论研究和实践探索提出有价值的思想。

坚持绿色发展　建设生态文明

——在中国生态文明研究与促进会第一届年会上的
主旨发言

江苏省副省长　徐　鸣

尊敬的陈宗兴会长、李干杰副部长、祝光耀常务副会长，

各位领导、同志们、朋友们：

大家上午好！

今天，中国生态文明研究与促进会首届年会在美丽的历史文化名城苏州隆重召开，对江苏环境保护和生态文明建设是有力的促进和推动，也为我们学习兄弟省区市的先进经验提供了难得的机会。首先，我谨代表江苏省人民政府对出席会议的各位领导、专家及来宾表示热烈的欢迎！对会议的召开表示衷心的祝贺！向长期以来关心支持江苏发展的研促会、环保部、兄弟省区市及社会各界朋友表示诚挚的感谢！

江苏地处东部沿海长江三角洲地区，是经济增长比较快、开放程度比较高、发展活力比较强的省份之一。近年来，江苏与兄弟省区市一样，在党中央、国务院的正确领导下，深入贯彻科学发展观，改革开放和现代化建设取得新的成就。全省地区生产总值跨过 4 万亿元台阶，预计今年可超过 4.8 万亿元，人均 GDP 有望突破 6 万元；外贸进出口总额突破 5 000 亿美元，财政一般预算收入突破 5 000 亿元，增长 25% 左右。在加快经济社会发展的过程中，我们高度重视可持续发展，将生态文明作为全面建设更高水平小康社会的重要任务，坚持环保优先方针，大力推进生态省建设和生态文明建设工程，取得了阶段性成效。下面，根据会议安排，就生态文明建设的有关情况作一简要汇报。

一、江苏推进生态文明建设的主要成效

江苏历届党委、政府高度重视生态文明建设工作。早在20世纪80年代，我省就提出"既要金山银山，又要绿水青山"，90年代中期，把"可持续发展"确立为经济社会发展的主体战略之一。进入新世纪，又作出了"建设生态省"的重大决策部署。"十一五"以来，省委、省政府明确提出环保优先、节约优先的方针，全省环境保护和生态建设取得重要进展，总体呈现出经济持续增长、污染稳定下降、生态逐步改善的良好局面。

（一）经济发展方式加快转变

将调结构、促转型作为工作主线，积极转变经济发展方式，切实增强发展的协调性和可持续性。新兴产业成为"十一五"新的增长点，服务业增加值占比年均提高1个百分点以上，今年高新技术产业产值、六大新兴产业销售收入占规模以上工业比重，将分别达到35%和24%。循环经济成效显著，建成7个国家级生态工业园。节能环保产业产值居全国首位，年主营业务收入超过3 000亿元。

（二）节能减排力度不断加大

将节能减排作为第一要务，实行结构调整、技术进步和严格管理"三管齐下"，坚决打好节能减排硬仗。"十一五"单位地区生产总值能耗下降目标顺利完成，化学需氧量和二氧化硫减排量分别超额（22%和31%）完成国家下达的任务，节能减排工作受到国务院通报表彰。五年来共淘汰落后水泥、钢铁产能约4 500万吨、落后小火电机组730万千瓦，关闭小化工生产企业5 000多家。对2 631家重点企业实施实时监控，县级以上城市空气自动监测实现全覆盖。

（三）环境综合整治扎实推进

将重点流域区域环境治理作为生态文明建设的重要内容，全面推进环境综合整治。太湖湖体水质持续改善，连续四年实现国务院提出的"两个确保"目标。今年9月李源潮同志在无锡考察期间，对太湖治理成效给予

充分肯定。淮河流域和南水北调江苏段治污力度不断加大，水质达标率保持在 80%。全省所有市县均建成污水处理厂，城镇污水处理能力比"十五"末翻了一番。全省 50% 以上的行政村开展农村环境综合整治，2/3 的县（市）建立了生活垃圾四级转运处理机制。太湖流域率先实现建制镇污水处理设施、区域供水和生活垃圾运转全覆盖。13 个省辖市全都具备对 $PM_{2.5}$、臭氧等指标的监测能力，南京和苏州还建成空气颗粒物超级监测站，监测参数增加到近 100 项。

（四）绿色江苏建设取得积极进展

将生态建设作为重要支撑，稳步提升生态环境质量。"十一五"期间全省新增植树造林面积 909 万亩，林木覆盖率和城市化率分别提高到 20.6% 和 42%。制定实施《江苏省重要生态功能保护区区域规划》，将占国土面积 20% 的重要生态功能区，作为限制和禁止开发区严格保护，守住生态"红线"。加强自然保护区管理，保护区总面积占全省国土面积的 6%。深入开展生态示范创建活动，建成国家级生态县市 17 个，约占全国总数的一半，苏南地区建成全国最大的环保模范城市群和生态城市群。

二、我省推进生态文明建设的实践和体会

在推进生态文明建设的实践中，我们始终坚持环保优先，实现绿色发展，努力做到经济建设与生态建设一起推进，产业竞争力和环境竞争力一起提升，经济效益与环境效益一起考核，物质文明与生态文明一起发展。

（一）坚持环保优先，牢固树立生态文明观

以环保优先方针为指导，把"环境是最稀缺资源、生态是最宝贵财富"的生态文明观贯穿到经济社会发展的方方面面。一是落实立法优先。先后颁布实施了加强饮用水水源地保护的决定以及辐射、固废污染防治条例等多部环保地方法规，是新中国成立以来江苏环保立法最多的一个时期。二是落实规划优先。在编制经济社会发展规划以及沿江、沿海等区域发展规划时，均配套制定了环保专项规划或单独设置环保篇章，增强环保规划的

指导性和约束性。三是落实环评优先。把环评作为审批新建项目的第一道关口和强制性门槛。"十一五"共劝退、否决了 4 000 多个不符合环保要求的项目，总投资超过 800 亿元。四是落实投入优先将省级污染防治专项资金从每年的 3 000 万元增加到 3 亿元，今年又增加到 6 亿元。每年安排 2 亿元省级节能减排专项引导资金。"十一五"期间，全省累计环保投入 4 500 亿元，相当于"十五"的近 3 倍。五是落实考核优先。把环境指标作为考核全面小康社会建设和科学发展的"核心"指标，实施"一票否决"，树立科学发展的鲜明导向。

（二）坚持先试先行，不断完善环保体制机制

以体制机制创新为动力源泉，全面推进环境改革各项工作。一是环境监管体制改革大幅推进。成立苏南、苏中、苏北三个区域环保督查中心和省环境应急中心，建立富有效率的环保督政体系。二是环境价格改革稳步前行。企业废气排污费、污水排污费和城乡居民生活污水处理费逐步提高，"污染者付费、治污者受益"的机制逐步完善。三是排污权有偿使用和交易改革取得进展。太湖流域 900 多家企业申购化学需氧量等排污指标，涉及金额 1.26 亿元。四是环境资源区域补偿改革不断创新。补偿机制推广到太湖流域和淮河流域，建立覆盖面更广的上下游污染赔付制度。此外，绿色信贷、企业污染责任保险、环境信息公开、长三角区域环保合作等方面的政策创新也取得了积极成效。

（三）坚持广泛发动，着力营造良好社会氛围

充分调动政府、企业、社会组织和群众的积极性，营造全社会共同参与的良好氛围。一是充分发挥各级政府的组织推动作用，加大投入，落实政策，强化监管，提供良好的公共服务。充分发挥市场配置资源的基础性作用，加快形成有利于生态环境建设的价格机制、投入机制和污染防治机制，引导和鼓励广大企业、社会组织和公众积极参与生态建设。二是广泛开展生态文明宣传教育，牢固树立节约资源，保护环境就是保护生产力、就是提高人民生活质量的理念，大力弘扬生态文化，增强全社会生态意识。

三是在加快生产方式转变的同时，积极推动消费模式转变，在全社会倡导绿色消费理念，努力形成节约、健康、文明、科学的生活方式，以可持续的消费促进可持续的发展。

我省生态文明建设取得了一定进展，但是，我们也清醒地认识到，与"两个率先"的要求相比，与人们群众的感受和期盼相比，与实现可持续发展的目标相比，还有不少差距。经济发展方式尚未根本转变，环境容量"超载"、生态成本"透支"的问题尚未根本解决，经济总量不断增加与生态承载能力不足的矛盾、人民群众不断增长的环境需求与环境公共产品供给不足的矛盾依然突出，生态文明建设任重道远。

三、"十二五"期间生态文明建设工作思路

"十二五"是我省建设更高水平小康社会并向基本现代化迈进的重要时期，也是加快推进生态省建设、全面提升生态文明水平的关键时期。今年4月，省委十一届十次全会决定实施包括生态文明建设工程在内的"八项工程"，把"生态更文明"作为"两个率先"的新内涵、新标准。省委、省政府召开了全省城乡建设暨生态文明建设工作会议，出台《关于推进生态文明建设工程的行动计划》，将生态文明建设工程作为"十二五"期间推进生态省建设的首要任务和核心内容。11月召开的省第十二次党代会把"生态更文明"列入今后五年全省总的奋斗目标，把生态环境指标列为江苏基本实现现代化指标体系的核心指标，提出将更大力度建设生态文明，使生态文明成为江苏的重要品牌。"十二五"期间，我省将重点推进六大行动，实施六大类190大项总投资约6 000亿元的重点项目，以更大的力度、更大的投入，全面推动生态文明建设不断取得新的突破。

（一）深入推进节能减排行动，在环境优化发展方面取得新突破

一是以更加严格的标准推进节能减排，控制高耗能和产能过剩行业扩大产能，禁止新上高排放项目，坚决淘汰落后产能。二是狠抓重点工程推进节能减排，着重抓好工业、建筑、交通运输、公共机构等重点领域，以

及钢铁、水泥、电力等重点行业和重点用能单位节能工作，大力实施一批重点减排项目。三是加强技术创新推进节能减排，加大节能减排共性技术、关键技术攻关力度，推广和使用节能新技术、新产品、新工艺和新材料。

（二）大力推进绿色增长行动，在构建富有活力的生态经济体系方面取得新突破

一是加快推进产业结构调整。大力发展战略性新兴产业，突出抓好生产性服务业和新兴服务业，积极运用先进适用技术和节能环保技术改造提升传统产业。鼓励发展生态农业，加强无公害、绿色和有机食品基地建设。二是大力发展绿色经济、循环经济。加快发展绿色产业，发展清洁能源和可再生能源。积极推广循环经济模式，加快生态工业园区建设。鼓励开发与推广应用低碳技术，建立以低碳为特征的产业体系、生产方式和消费模式。三是培育壮大节能环保产业。加强节能环保产业集聚区建设，加快构建节能环保服务支撑体系，努力把节能环保产业培育成新兴支柱产业。

（三）全面推进碧水蓝天宜居行动，在打造城乡优美环境方面取得新突破

一是加强重点流域、海域综合治理。继续把太湖治理作为生态文明建设的重中之重，采取综合措施促进太湖水质持续改善。加快长江流域、淮河流域水污染防治，加快建设南水北调东线江苏段和通榆河两条"清水通道"。坚持把绿色生态环境作为沿海开发的"高压线"，下决心治理、关停污染严重的化工企业，综合整治主要入海河流，保护好海洋生态环境。二是深入实施蓝天工程。建立完善大气污染区域联防联控机制，全面开展 $PM_{2.5}$ 监测，大幅减少灰霾污染。加快实施燃煤机组烟气脱硝工程和钢铁、水泥等非电行业烟气脱硫工程。机动车全面实行国Ⅳ排放标准，对大气污染严重的企业限期整改。强化重金属、固体废物和辐射污染防治。三是加快推进环境基础设施建设。到 2015 年，城镇污水、垃圾处理处置设施基本实现全覆盖；苏南地区和苏中、苏北地区规模较大的规划布点村庄生活污水处理设施覆盖率分别达到 50%、25%、15%，镇村生活垃圾集中收运率达到 80%以上。四是全面实施城乡环境综合整治。消除城市主要河流"黑臭"现象，改善城市声环境质量。全面实施农村环境连片整治和村庄环境整治行动，稳步改善农村环境质量。

（四）扎实推进植树造林行动，在绿色江苏建设方面取得新突破

一是坚持不懈开展植树造林。突出抓好沿海、沿江、沿湖、沿河生态防护林建设，大力实施次生天然林、重要生态公益林保护等重点工程，构筑生态屏障，提高林木覆盖率。二是加强村庄绿化建设。结合农村环境综合整治，深入开展"千村示范、万村行动"绿色村庄建设活动，形成点线面相结合的村庄绿化格局。三是完善城市绿地布局的均衡性。提升园林绿化品质，提高城市绿地系统综合效益，做到适用性、观赏性和生态性相统一。

（五）积极推进生态保护与建设行动，在逐步恢复生态系统功能方面取得新突破

一是实行差别化的区域开发和环境管理政策，落实最严格的耕地保护制度和节约用地制度。调整和优化江苏省重要生态功能区，严守"生态红线"，加强生态空间管制。二是加大湿地建设和保护力度。实施退耕退渔退养、还林还湖还湿地工程，切实增强生态系统的自我调节和平衡能力。严格水面保护，努力做到占补平衡。加强矿山宕口整治和修复，开展山体保护复绿、工矿废弃地恢复治理工程。三是加大生物多样性保护力度。实施生物多样性保护战略与行动计划，加强外来入侵物种的防范和控制。四是完善生态补偿机制。选择国家级自然保护区进行试点，逐步建立生态保护转移支付制度。完善太湖流域及通榆河流域补偿办法，建立重点河流上下游污染补偿机制。

（六）继续推进生态示范创建行动，在夯实生态文明建设基础方面取得新突破

一是广泛开展生态文明宣传教育。建设一批生态文明教育基地，开展一批群众性环保公益活动，树立一批生态环境保护典型，进一步扩大生态文化的影响力。二是积极倡导绿色消费。各级党政机关带头行动，积极推行绿色采购制度，努力建设节约型机关。企业切实承担起节约资源、保护生态的社会责任。积极引导城乡居民养成生态、低碳的生活习惯、生活方式和绿色消费理念。三是深化生态创建活动。坚持"创建为民"的工作导向，更大规模、更高质量地开展国家环保模范城市、生态市县等示范创建活动，扩大生态文明城市建设试点，积极探索生态文明建设的现实模样。

各位领导，各位来宾，拥抱生态文明是全人类的美好理想，也是我们持之以恒追求的目标。我们将以此次会议为契机，虚心学习兄弟省市先进经验做法，认真贯彻落实国家关于推进生态文明建设的部署要求，全面提升生态文明水平，努力使江苏山更绿、水更清、天更蓝，创造更加优美的人居环境。

扎实推进生态文明建设　加快绿色转型发展

——在中国生态文明研究与促进会第一届
年会上的主旨发言

浙江省人大常委会副主任　程渭山

各位领导、同志们：

很高兴参加中国生态文明研究与促进会第一届（苏州）年会。根据会议安排，下面，我就浙江开展生态文明建设，推进绿色转型的基本情况和下一步工作思路作个发言。

一、浙江生态文明建设的主要做法

浙江省委、省政府一直高度重视生态建设和环境保护，并从有限的资源承载力、日益壮大的经济实力、人民群众对环境的新期待出发，在全国较早开展生态省建设，致力探索生态文明的科学发展之路。2002 年，省第十一次党代会提出建设"绿色浙江"目标；2003 年，省委、省政府作出建设生态省的决定，制定实施《浙江生态省建设规划纲要》；2010 年，省委十二届七次全会作出《关于推进生态文明建设的决定》，提出要"坚持生态省建设方略、走生态立省之路"，"打造'富饶秀美、和谐安康'的生态浙江"，"努力把我省建设成为全国生态文明示范区"。

今年，省委、省政府全面部署开展了"811"生态文明建设推进行动，明确了今后五年我省生态经济、节能减排、环境质量、污染防治、生态保护与修复、环境安全保障能力建设、生态文化建设、生态文明制度建设 8 个方面目标，重点推进节能减排、循环经济、绿色城镇、美丽乡村、清洁水源、清洁空气、清洁土壤、森林浙江、蓝色屏障、防灾减灾、绿色创建

11 个专项行动，加强 11 个方面的保障措施。省委、省政府专题召开"811"生态文明建设推进行动大会，会议一直开到乡镇，生态文明建设在更广领域、更高层次全面深入地推进。

回顾这些年的工作，我们主要抓了以下四个方面。

（一）大力发展生态经济，推进经济转型升级

一是积极从规划层面优化产业布局。

编制省级主体功能区规划，强化新一轮土地利用总体规划与主体功能区规划、生态环境功能区规划的有机衔接。编制实施产业集聚区总体规划、14 个省级产业集聚区发展规划。推动我省海洋经济发展上升为国家战略，海洋经济发展示范区规划和试点工作方案、舟山群岛新区发展规划获得国家批复。

二是大力发展高效生态农业。

加强粮食生产功能区和现代农业园区"两区"建设。目前，全省累计建成粮食生产功能区 1 014 个，启动建设省级现代农业综合区创建点 98 个、省级农业主导产业示范区创建点 62 个、特色农业精品园创建点 118 个。发展生态高效渔业经济，建立现代渔业主导产业园和精品园 10 余个。发展农牧结合、种养平衡的生态种养业，2010 年全省规模畜禽养殖排泄物综合利用率达到 95%，农作物秸秆综合利用率达到 75%。

三是加快推进重点产业转型升级。

全面推进循环经济试点省建设，努力创建全国循环经济示范区。扎实推进一批循环经济重点项目建设，2010 年、2011 年共实施项目 300 多项，总投资 700 亿元。近年来，全省通过强化产业政策引导和项目管理，遏制了高耗能、高排放行业的过快增长。召开全省重污染高耗能行业深化整治促进提升工作现场会，把整治提升重污染高耗能行业作为推进产业转型升级、实现又好又快发展的突破口。通过深入推进循环经济"991"行动计划和工业循环经济"4121"工程，每年滚动实施百余项循环经济重点项目。编制实施生物、新能源、高端装备制造、节能环保、海洋新兴、新能源汽

车、物联网、新材料以及核电关联九大战略性新兴产业规划、实施方案，组织实施重点项目，加快培育一批特色优势企业和特色产业基地。

四是加快发展现代服务业。

组织编制重点行业发展规划，着力推进 40 个省级现代服务业集聚示范区建设。杭州、宁波被列入国家服务业综合改革试点。扎实推进服务业外包产业发展，促进对外贸易、利用外资工作符合生态文明建设和绿色转型的要求。

（二）加大污染防治力度，持续优化生态环境

一是持续推进节能减排。

开展增量控制、工业污染减排、污水处理厂减排、脱硫脱硝减排、机动车污染减排和畜禽养殖污染减排六大工程。深入推进工程减排、结构减排、监管减排。实施"节能降耗十大工程"，落实高耗能行业有序用电、严控重点能耗大户新增能耗等 14 项措施。2010 年，全省万元生产总值能耗 0.72 吨标准煤，比 2005 年下降 20%。全省化学需氧量排放量较 2005 年下降 18.15%；二氧化硫排放量较 2005 年下降 21.16%，两项指标均超额完成"十一五"减排任务。

二是加强污染治理和生态修复。

以清洁水源、清洁空气、清洁土壤三大行动为主要抓手，开展重金属、印染、造纸、化工、制革、电镀等重点行业污染整治，制定实施铅蓄电池行业污染综合整治验收规程和标准，强化行业性污染防治。在全国率先实现县以上城市污水处理厂、垃圾处理设施全覆盖，率先推进镇级污水处理设施建设。积极构建省、市、县三级联网，全天候实时监控的现代化环境质量监测体系，基本形成了覆盖全省的环境监测网络。全省已建成 10 个海洋保护区，扎实开展新一轮海域、海岸带和海岛生态修复。

三是全面改善城乡生态环境。

深入实施绿色城镇行动和美丽乡村行动计划，统筹城乡生态环境保护。扎实推进"千村示范、万村整治"和"农村环境五整治一提高"工程，

加强长效管理。积极实施"以奖促治"政策，对 1 200 个行政村开展农村环境连片整治，带动农村污水垃圾处理设施建设、畜禽养殖污染治理、农家乐环境整治和重点流域水源保护，直接受益人口累计达 196 万。进一步巩固畜禽养殖污染整治成果，建立健全长效监管机制，在嘉兴开展畜禽养殖区域和污染物排放总量双控制制度试点，推动生态畜牧业发展和农业畜禽养殖污染减排。强化风景名胜区、历史文化名城等保护和管理，江山江郎山、杭州西湖文化景观列入世界遗产名录。

四是加强生态屏障建设。

积极推进森林生态建设，加快推进"1818"平原绿化行动，加强自然生态保护。加强生态公益林建设管理，省政府把生态公益林补助从每亩 17 元提高至 19 元列入省政府十件民生实事之一。以高速公路和铁路沿线为重点，全面加快通道绿化建设步伐。积极开展绿色矿山创建，持续推进矿山生态环境保护与治理。深入实施万里清水河道建设及农村河道综合整治。

（三）倡导绿色发展理念，弘扬生态文化建设

一是加强生态文明宣传。

去年 9 月，省人大常委会作出决定，将每年 6 月 30 日设为"浙江生态日"，成为全国首个设立省级生态日的省份。今年 6 月 30 日，第一个"浙江生态日"，开展了现场考察、文艺晚会、网上论坛等一系列丰富多彩的生态文明活动，省委、省政府主要领导亲自参与，吸引了全社会的关注和积极参与。

二是广泛开展生态示范创建。

积极开展基层生态示范创建，已建成 6 个国家生态县、45 个国家生态示范区、7 个国家环保模范城市、274 个全国环境优美乡镇等一大批生态、绿色系列创建示范单位。积极推进生态文明建设示范创新试点，安吉县、杭州市、湖州市、嘉兴市、义乌市、临安市、桐庐县、磐安县、开化县列为全国生态文明建设试点。

（四）积极创新体制机制，推进生态文明保障体系建设

一是完善环境经济政策。

创新生态补偿机制，在全国率先出台《关于进一步完善生态补偿机制的若干意见》，出台《浙江省生态环保财力转移支付办法》，实现主要水系源头地区省级生态补偿全覆盖。2011 年，省财政安排生态环保财力转移支付资金 15 亿元。稳步推进排污权有偿使用和交易试点。全省所有设区市和 41 个县（市）开展了排污权有偿使用和交易试点，累计开展排污权有偿使用 5 311 笔，共收取排污权有偿使用费 9.29 亿元，排污权交易 1 391 笔，交易额 3 亿元。排污权抵押贷款累计 129 笔，涉及金额 6.2 亿元。率先在全国建立围填海规划计划管理制度，推进海洋生态损害赔（补）偿探索。探索完善征地工作新机制、"林权 IC 卡"制度、绿色信贷、绿色证券、绿色保险制度等。不断创新和完善一系列市场化要素配置机制，引导各类市场主体主动承担起生态文明建设的社会责任。

二是创新环境管理机制。

深化环评制度改革，强化空间、总量、项目"三位一体"的环境准入制度和专家评价、公众评价"两评"结合的环境决策咨询机制。出台《浙江省跨行政区域河流交接断面水质保护管理考核办法》，落实地方政府流域水环境保护责任。每月公布水质考核结果，考核结果与市、县（市）政府领导班子和领导干部综合考核评价、建设项目环境影响评价与水资源论证审批、生态环保财力转移支付挂钩。

三是完善考核机制。

修订干部考核评价"一个意见、五个办法"，突出经济转型升级、生态文明建设、社会和谐稳定等方面内容。开展生态环境质量公众满意度调查，研究制定生态文明建设评价指标体系，进一步强化各级领导在生态文明建设和生态环境保护等方面的责任。如丽水市，绝大部分乡镇不考核工业税收、招商引资，而是考核生态产业、生态环境质量。

经过这些年的努力，我省在保持经济平稳较快发展的同时，主要污染

物排放得到有效控制，环境质量总体稳中趋好。2010 年，我省八大水系、运河、主要湖库地表水功能区水质达标率达 73.7%，县级以上集中式饮用水水源地水质达标率达 87.4%，设区城市空气质量达到二级标准天数比例均在 85%以上，生态环境状况指数已连续多年位居全国前列。

二、浙江生态文明建设的主要体会

总结浙江生态省和生态文明建设的经验，我们觉得以下四条尤为宝贵：

一是始终坚持"在发展中保护、在保护中发展"，把发展生态经济、推动绿色转型作为生态文明建设的根本任务。

按照绿色发展、生态富民、科学跨越的总体要求，从"既要金山银山，也要绿水青山"到"绿水青山就是金山银山"；从打造"绿色浙江"、建设生态省到全面部署生态文明建设，省委、省政府始终坚持把生态文明建设放到经济社会发展的大局中统筹谋划，在经济社会发展中优先考虑生态环保要求，进一步提高环境保护与经济发展的融合度，树立科学发展的鲜明导向。

二是始终坚持"以人为本、富民优先"，把改善生态环境质量、提升人民群众生活质量作为生态文明建设的着眼点和落脚点。

在不断创造物质财富的同时，必须提高生态财富。人民群众对山清水秀、空气清洁、食品安全的需求同样十分迫切。必须牢固树立以人为本、富民优先的发展理念，始终将改善民生、保障人民群众的环境权益放在首位，作为生态文明建设的最高价值标准，着力解决人民群众反映强烈的突出环境问题。

三是始终坚持"突出重点、讲求实效"，把统筹兼顾、整体推进作为生态文明建设的根本方法。

环境污染治理和生态建设是生态文明建设最为紧迫的基础性工作。我省在"811"环境污染整治行动、"811"环境保护新三年行动基础上，突出抓好清洁水源、清洁空气和清洁土壤三大行动，加强重点流域、重点区域、重点行业、重点企业的污染整治。同时，注重统筹城乡建设，同步实施绿色城镇和美丽乡村行动，整体提升生态环境质量。

四是始终坚持"党政主导、社会参与"，把创新体制机制和共建共享作为生态文明建设的重要保障。

各级党委、政府把推进生态文明建设作为经济社会发展的重大战略来部署，着力构建加强领导的思想环境，充分发挥主导作用，完善政策制度体系，创新监管机制、服务机制、参与机制。同时，注重发挥市场配置资源的基础性作用，广泛动员全民参与生态环保，形成全社会共建共享生态文明的良好氛围。

三、深入推进生态文明建设，加快绿色转型发展

实践证明，推进生态文明建设是从根本上解决我省环境污染问题，促进人与自然和谐，节约利用资源，提高经济发展质量和效益，促进经济发展与人口资源环境相协调，实现经济社会可持续发展的必然选择。"十二五"期间，我省面临的节能减排压力更大，经济社会快速发展下的资源环境约束更强，人民群众对生态环境的要求更高。下一步，我省将始终坚持生态省建设方略，走生态立省之路，以实施"811"生态文明建设推进行动为抓手，大力发展生态经济，不断优化生态环境，注重建设生态文化，着力完善体制机制，不断提高浙江人民的生活品质，努力把我省建设成为全国生态文明示范区。

（一）以发展生态经济为核心，加快经济绿色转型

加快调整产业结构，实施全省主体功能区规划和生态环境功能区规划。实行空间准入、总量准入、项目准入"三位一体"的环境准入制度，推进以区域准入为主导的生产力布局体系建设。加强能源资源节约，大力发展低碳技术，全面推进国民经济各领域、生产生活各环节的节能降耗。大力发展循环经济，扎实做好全国循环经济试点省工作。充分发挥政府在

经济转型升级中的主导作用和推动作用，通过加大资金支持和强化人才队伍建设，切实增强自主创新能力，助推战略性新兴产业的培育和发展，加快传统优势产业改造提升。大力发展海洋经济，推进舟山群岛新区建设。

（二）以优化生态环境为基础，构建生态安全保障体系

以清洁空气、清洁水源、清洁土壤"三大清洁"行动为主要抓手，进一步加大污染物减排力度，继续深化重点流域污染防治，加强重点行业污染整治，大力推进核与辐射、重金属和持久性有机污染物等的防治。全面实施"绿色城镇"和"美丽乡村"行动，深入推进城乡环境综合整治。开展"森林浙江"和"蓝色屏障"行动，强化主要流域源头地区生态保护，加快山区绿色生态屏障建设和海洋蓝色生态屏障建设。开展"防灾减灾"行动，强化自然灾害、生态环境监测监控预警基础设施与能力建设，进一步健全生态环境安全保障体系。

（三）以繁荣生态文化为支撑，形成共建共享良好氛围

拓展生态文化建设载体，充分发挥各种平台的宣传教育作用，努力培育"生态优先的政绩观"、"科学理性的致富观"、"适度消费的生活观"，着力提高全民生态文明意识。深入实施"绿色创建"行动，着力推进生态示范创建和绿色系列创建工作。扎实推进生态文明建设试点工作，开展生态文明建设示范单位创建，树立一批生态文明建设典型。加大环境信息公开力度，创新公众参与方式，调动各方面力量推进生态文明建设，形成全社会共建共享生态文明的良好氛围。

（四）以完善体制机制为保障，激发生态建设内在动力

进一步完善促进科学发展和生态文明建设的党政领导班子和领导干部综合考核评价机制。开展全省生态文明建设评价，完善生态省建设考核机制。强化政策法规建设，从制度层面保障生态文明建设顺利实施。健全生态补偿机制，完善自然保护区、重要湿地、江河源头地区等的财政补助政策，探索市场化生态补偿模式。完善环境经济政策，深化资源要素配置市场化改革，优化公共资源配置。开展水权制度改革试点，全面推进排污权有偿使用和交易试点，实施排污许可证制度，开展省域化学需氧量和二氧化硫排污权交易。

各位领导，各位代表，我省将按照中央关于生态文明建设的总体要求，举全省之力，坚持不懈地推进生态文明建设，坚定不移地促进绿色转型，努力把浙江建设成为全国生态文明建设示范区。

牢牢把握主题主线　更好建设生态文明

——在中国生态文明研究与促进会第一届年会上的发言

研促会副会长、安徽省人大原主任　李昆森

由姜春云同志和陈宗兴副主席领导的中国生态文明研究与促进会，把全国有志于研究推动生态文明建设的领导干部、专家学者和一线工作者组织起来，必将有力地促进生态文明建设，必将有力地促进全面协调可持续发展，必将有力地促进经济社会又好又快发展。

一、建设生态文明，要以十七大报告提出的建设生态文明为指导

十七大报告关于"实现全面建设小康社会奋斗目标的新要求"第五条明确提出："建设生态文明，基本形成节约能源资源和保护生态环境的产业结构、增长方式、消费模式。循环经济形成较大规模，可再生能源显著上升。主要污染物排放得到有效控制，生态环境质量明显改善。生态文明观念在全社会牢固树立。"

我认为，这一条有以下几层含义：

（1）十七大提出的生态文明不同于常规讲的自然生态，是我们党执政理念的提升。从十二大到十五大，我们党一直强调，建设社会主义物质文明、精神文明；十六大在此基础上提出了社会主义政治文明；十七大报告首次提出生态文明，这是我们党对科学发展、和谐发展理念的一次升华。

2003 年 11 月 19 日，我在安徽省自然生态保护会议上提出，将自然界生态良性循环的规律引入到整个经济运行的大系统、社会运行的大系统中，这是更高层次的循环经济，是建立循环性社会的要求。建设生态文明，

就是要将生态良性循环的规律引入到制定治国安邦、富民强国的大政方针中，它涉及经济、政治、社会、物质、精神、文化等各个方面。

（2）十七大提出的建设生态文明强调了两大重点，即"节约能源资源和保护生态环境"，这也是建设资源节约型、环境友好型社会的关键点，又是推进循环经济要把握的两个要点。

（3）十七大强调"基本形成节约能源资源和保护生态环境的产业结构、增长方式、消费模式"。从全国各地前几年建设生态文明、发展循环经济的实践来看，对转变增长方式研究得比较透，成效也比较明显；而对运用循环经济理念指导产业结构调整升级研究得不够，做得也不够；对运用循环经济理念促进消费模式转变研究得很薄弱，做得更差。

（4）以往讲发展循环经济，强调要抓好试点，扩大试点范围。而十七大提出"循环经济形成较大规模"，这不仅要求在全国各地各个方面都要推行循环经济，而且要形成较大规模，不是仅仅局限在试点上。

（5）十七大强调"生态文明观念在全社会牢固树立。"这就明确要求全社会各个方面、各行各业乃至每一个人都要牢固树立生态文明的观念，并要以此指导各自的思想、观念和行动，正确处理好人与自然、人与社会、人与自身的关系。

我在各种场合阐述生态文明建设的这五层含义，对解决认识问题和做好实际工作有积极的促进作用。

建设生态文明，当然要加强保护、优化和建设生态环境，但不是单纯地保护和优化生态环境问题，而是关联经济、社会、生态、政治、文化的重要纽带问题。要以生态文明的理念来促进经济社会的又好又快发展，要与贯彻十七届五中会提出的"主题、主线"紧密结合起来，加快转变经济发展方式，加快调整优化产业结构。坚持建设生态文明是"为了群众，造福群众"的根本思想。

二、建设生态文明，首先要突破传统的思想观念和发展模式

建设生态文明是一项开放的复杂巨系统，这在全球范围内都是开创性的事业。有许多理论问题和实际问题需要我们去认识、去探索、去研究、去攻关，而亟需解决的一个关键问题，是要突破传统的思想观念和发展模式。

世界著名哲学家库恩说："科学是通过从一种范式向另一种范式的革命而不断发展。"在考虑地球和经济的关系中，我们的世界观也需要转换，那就是地球生态环境是经济的组成部分，还是经济是地球生态环境的组成部分。经济专家把生态环境看做是经济的一个子系统；生态专家则与之相反，把经济看做是生态环境的一个子系统。世界著名学者莱斯特·R·布朗提出，要从生态环境是经济的子系统转向经济是生态环境的子系统，这种思想观念的重大逆向转变，必将推动一场深刻的环境革命、经济革命、技术革命和文化革命。这就要求经济专家既要研究如何加快发展的理论、政策和措施，又要研究在发展过程中环境被污染、生态被破坏的问题是怎样出现的，并要寻求解决的办法。同样，生态专家既要研究如何保护、优化、建设生态环境，又要研究在保护、优化生态环境的前提下，如何实现经济持续快速协调健康发展的对策和措施。这一点对经济专家和生态专家来说，都是难题，但又是亟需解决的重要课题，也是建设生态文明亟需解决的一个关键。如下图：

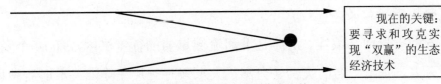

经济专家：着重研究如何加快经济发展的理论、政策、措施，也强调与环境协调发展，但并没有解决好"结合"的技术问题。

现在的关键：要寻求和攻克实现"双赢"的生态经济技术

生态专家：着重研究如何保护、优化、建设生态环境，同时强调生态与经济的"双赢"，但也未能解决好实现"双赢"的技术问题。

　　加快转变经济发展方式，调整优化产业结构，组织多学科专家攻克生态与经济实现"双赢"的技术难关，是建设生态文明的根本举措，不仅是从粗放型转向集约型，而且要解决工业革命以来，经济发展与资源环境之间的尖锐冲突。

三、建设生态文明，要有新创意，把生态环境当做重要资本来经营

　　从 1988 年到 1998 年，我在安徽省池州地区工作了十年。1996 年国家批准池州地区为第一个国家级生态经济示范区。2000 年 2 月，我和部分全国人大代表、省人大代表，到池州视察国家级生态经济示范区建设情况。在 8 天时间里，我集中观察和思考一个问题，那就是对良好的生态环境研究透了、用好了，就能直接产生经济效益、社会效益。于是我提出了一个新的创意：将良好的生态环境当做重要资本，进行生态环境资本运营。2001 年 4 月，我到安徽省淮北市对采煤塌陷区修复治理情况进行调查研究，该市有 20 万亩采煤塌陷区，修复治理了 10 万亩，宜地则地，宜水则水，发展种植业、养殖业、生态旅游，搞基础设施建设等。这给我一个很大的启示，不仅良好的生态环境是资本，对中等的生态环境进一步优化好、开发好，对比较差的甚至有些遭到破坏的生态环境，可在治理改造的基础上进行科学利用，也可以成为生态环境资本，用好了就能产生经济效益、社会效益。于是，我将一年前提出的"良好的生态环境是重要资本"中"良好的"三个字去掉，进一步提出经营生态环境的新创意，这比前者更体现人的主观能动性、积极性、创造性。这个问题理论上的突破，对实际工作有重要的指导意义。

　　安徽省阜南县蒙洼、洪洼是淮河流域重要的行蓄洪区，有 14 个乡镇，35.5 万人，是出了名的灾窝、穷窝，大水来时一片汪洋，大水退后满目荒凉，当地农民种点小麦、玉米靠天收，有些地方只产一些荻柴和杞柳，亩均收入仅 80～100 元。后来他们进行深入的辩证分析发现，原来只看到蒙

洼、洪洼行蓄洪区恶劣的自然环境，忽略了洪水过后，这片地方的土壤还是肥沃的。为此，他们打破传统的思维方式，变对抗性为适应性，因水患不能种粮食，可以改种不怕水淹的杨树。从 2001 年开始，两洼人民抓住退耕还林的机遇，大力推行林权制度改革，在 60 多万亩荒坡地、低洼地大量种植杨树和杞柳。通过杨树板材加工解决了 5 000 人就业；发展柳编加工，解决了 40 000 人就业；造林、种草、发展经济作物等方面解决了170 000 人就业；在林下宜粮则粮、宜菜则菜、宜草则草，在草地上放牛放羊，在低洼水面养鹅、养鸭、养鱼、养珍珠，解决了 45 000 人就业。共解决 260 000 人就业，占该县劳动力总人数的 73%。现在，两洼生态环境发生了根本性变化，林业、畜牧业、水产养殖业、农副产品加工业互生共存，资源循环利用，亩均收入 1 200 元以上。这是一个经营生态环境的成功范例。

"经营生态环境"的理论很管用。2005 年 9 月中旬，我到新疆昆仑山脚下和田地区考察，新疆建设兵团的一位师政委要我也给兵团的同志讲讲循环经济。在沙漠戈壁滩怎么推行循环经济呢？一般人只看到沙漠戈壁滩恶劣的自然环境，没有看到它的优势和有利条件，那就是日照时间长、昼夜温差大、没有污染，只要有点水，种出的农产品品质特别好。他们 2004年 2 月从山东引种的冬枣，2005 年 9 月挂的果，品尝起来又脆又甜又鲜。因此，在沙漠戈壁滩推行循环经济就要运用经营生态环境的理论，按照"多采光，少用水，新技术，高效益"的路子去实施，就会取得显著的经济效益、社会效益和生态环境效益。

2006 年 8 月 7 日，在"长三角循环经济博士科技论坛"上，我和东北大学陆钟武院士、上海同济大学诸大建教授作主题报告，会后诸大建教授对我说："你上午的报告有两块填补了国内的空白，一块是经营生态环境，另一块是四个入手、九大产业（在下文阐述）。一是国内没有人这么概括，二是概括得很准确。"

四、建设生态文明，关键是要把循环经济原理渗透到生态文明建设的全过程和各个方面

2008 年 4 月 28 日，胡锦涛总书记在政治局学习时强调，"切实加强生态文明建设，坚决打好节能减排攻坚战，大力发展循环经济，加快形成节约能源资源和保护生态环境的产业结构、增长方式、消费模式。"

实践表明，发展循环经济是建设生态文明的重要途径。

在池州地区工作时，我提出要把生态经济示范区建设的规划纳入"九五"计划和 2010 年远景目标，纳入政府的决策和管理体系。

2001 年 8 月 20 日，在黑龙江省生态省建设规划纲要论证会上，我提出生态示范区、生态省规划不仅要纳入国民经济与社会发展的规划、计划，而且要融为一体，从规划和计划上解决生态与经济相互脱节的"两张皮"现象。到会的同志认为"融为一体"的提法好。

2003 年 10 月 18 日，时任安徽省省长王金山安排我在省政府学习会上作循环经济专题报告，我提出要将循环经济的原理渗透到国民经济和社会发展规划、计划制订工作中，渗透到经济结构的战略性调整中，渗透到各类开发区（园区）中，渗透到国家支持的产业、项目的安排中，同时要研究如何渗透的问题，并在市场经济的实践中付诸实施。我深感只有渗透进去，才能达到融为一体。因为"渗透"二字，不仅强调了重要性，而且告诉人们在实践中如何去实施，也就是要时时处处运用循环经济原理来分析审视各行各业、各个方面工作的现状，重新规划调整发展思路、工作思路。如同吊水输液，把对症的药物、营养物、血液通过血管输送到人体的各个部位，达到治病和强身健体的目的。

如何把循环经济的原理渗透到生态文明建设的全过程和各个方面，我认为就是要渗透到生态文明建设的六大体系中。

1. 生态经济体系

循环经济本质上是一种生态经济。十六届五中全会提出，发展循环经

济是建设资源节约型、环境友好型社会和实现可持续发展的重要途径。按照十七大提出"建设生态文明"的要求，形成低投入、低消耗、低排放和高效率的节约型增长方式，形成健康文明、节约资源的消费模式。还要按照十七届五中全会提出的"以科学发展为主题，以加快转变经济发展方式为主线"的指导思想来建设生态文明。

2．资源保障体系

十七大明确指出，发展循环经济的两大重点之一是节约能源资源。2009 年，我国 GDP 占世界的 8.6%，却消耗了世界 46.9%的煤炭和 10.4%的石油。同年美国 GDP 占世界的 24.3%，煤炭和石油消费量占 15.2%和21.7%；日本 GDP 占 8.7%，煤炭和石油消费量占 3.3%和 5.1%。

可见我国能源消费量巨大，能源利用效率不高。我国是仅次于美国的世界第二大能源消费国，2009 年 GDP 仅占世界的 8.6%，而能源消费总量却占世界的 19.5%。一些重化工行业单位产品能耗比世界先进水平高10%～50%。

十七届五中全会首次写进了"提高资源产出率"。"十二五"规划纲要第二十三章"大力发展循环经济"中明确指出："按照'减量化、再利用、资源化'的原则，减量化优先，以提高资源产出率为目标，推进生产、流通、消费各环节循环经济发展，加快构建覆盖全社会的资源循环利用体系。"

从安徽省多年来研究和推动循环经济的实践中可以看出，提高资源产出率、提高废弃物资源再生利用产出率，是落实科学发展观，加快"两型社会"建设的重要抓手。抓住了资源产出率这个关键，也就抓住了根本，抓住了要害，有利于调动各个方面、各行各业、各个环节乃至每一个人的积极性、创造性、主动性，不仅可以扩大就业、增加收入，还可促进产业结构调整优化提升，促进发展方式转变，促进节能省地减排，有利于保护生态环境，有利于实现全面协调可持续发展的基本要求。

3. 环境承载体系

十七大明确指出，发展循环经济的两大重点之二是保护生态环境。2004 年 11 月 18 日，在我孙女儿出生 100 天的全家聚会上，当我谈到循环经济时，我的小外孙，一个 6 岁 9 个月的小学二年级学生说，"循"字左边两个"人"，右边是个"盾"，是保护的意思，最重要的是"环"字，连在一起是"大家来保护"。他紧接着说，"循环经济就是保护环境的经济。"大人们听了这句话都认为讲得好，这句话虽然是脱口而出，却是对循环经济非常简练、非常朴实、非常到位的表述。这说明循环经济并不神秘，对循环经济的宣传教育，要从娃娃抓起。这句话给人的启示是，不能把循环经济只局限在对废弃物的综合利用、循环利用上，而应在发展经济的过程中，更加积极主动地去保护环境、保护资源、保护生态，这是更广泛、更深层次的循环经济。

4. 城乡建设体系

2003 年 3 月 9 日，胡锦涛总书记在中央人口资源环境工作座谈会上指出，将循环经济的发展理念贯穿到区域经济发展、城乡建设和产品生产之中，使资源得到最有效的利用。2003 年 8 月 14 日，我在全国小城镇建设会议上提出，循环经济是生态型城镇建设的核心思想，总体思路可概括为：实现一个目标，转变两种模式，强化三大功能，构建四个体系，搞好五项设计。

（1）强化三大功能。一是优化生态环境，为城镇村居民提供生态服务的功能进一步强化；二是保护自然生态系统和资源，对人类经济社会发展的支撑功能进一步强化；三是强化循环经济能力建设，确保上述两大功能具有可持续性。

（2）构建四个体系。

1）循环经济产业体系：一是生态工业，二是生态农业，三是生态服务业。

2）城镇基础设施体系：重点是水系统、能源系统、交通系统和建筑系统，大力推进城乡建筑节能省地减排。

3）生态环保体系：生态建设、环境污染治理和自然灾害预防。

4）社会事业体系：对科技、教育、文化、卫生、体育事业统筹规划，加大投入，整体推进，树立全面的发展观。

（3）搞好五项设计：①规划设计；②环境设计；③住区设计；④产业设计；⑤景观设计。

总之，对生态型城镇建设要做到规划好、设计好、实施好、控制好、管理好。

5. 生态文化体系

循环经济要求运用生态学规律而不是机械论规律来指导人类社会的经济活动，这是观念、理念和思维方式的根本转变。因此，用循环经济理念指导生态文化建设是建设生态文明的题中应有之义，要运用正反两方面的经验教训，宣传教育广大干部群众增强全球一村意识、为后代人意识、生存环境意识、生活质量意识、生态道德意识、共同责任意识，使生态文明的理念、观念在广大干部群众中打上深深的烙印，自觉投入到生态文明建设之中。

6. 能力建设体系

国际上实施可持续发展战略，都强调能力建设，以往讲能力建设，主要突出全方位多层次的人才培训。2000 年 11 月，我在广州召开的首届中国可持续发展能力建设国际研讨会上，对地方可持续发展能力建设讲了 7 个方面：决策管理问题、经济模式问题、宣传教育问题、人才培训问题、指标体系问题、依法行政问题、投入机制问题。2007 年 4 月 9 日，我在上海市社科院与德国合办的"可持续性管理研修班"安徽班上进一步提出，要从科学决策、经济模式、注重实践、自主创新、宣传教育、人才培训、指标体系、依法行政、投入机制、现代管理 10 个方面加强可持续发展能力建设，并把循环经济原理贯穿始终。这样做就能使生态文明建设步入良性循环的健康快速发展轨道，收到事半功倍的效果。

如何将循环经济理念变为现实，还需要找出具体的实现途径。我经过多年的实践和思考，提出了"四个入手"、"九大产业"。

"四个入手"：

（1）2004年2月13日，我应邀给安徽省委组织部全体干部作报告时提出，从加快建设资源节约型社会入手，突出减量化原则，在"节省"二字上下苦功夫，从省中求好，省中求快，省中求多，实现多快好省的辩证统一。

（2）2003年10月18日，我应邀给安徽省政府学习会作报告时提出，从污染治理入手，把污染治理与加快发展结合起来，变单纯的赔钱为既要花钱又要赚钱。

（3）从生态修复入手，变单纯的恢复治理生态环境为经营生态环境，实现生态效益与经济效益、社会效益的共赢。

（4）2004年4月29日，我在黄山市建设生态市动员会上提出，从发展循环经济型生态农业入手，这是转变农业增长方式，发展高产、优质、高效、生态、安全农业，建设社会主义新农村的根本举措。

九大产业：2004年11月11日，我在安徽省宁国市召开的"县域经济论坛"上提出，发展循环经济不仅改变了传统的经济增长方式，转变了经济发展模式，而且带来了新的发展机遇，催生、发展了符合科学发展观的六大新产业：环境产业、废弃物再生利用产业、节能降耗产业、可再生能源与新能源产业、健康产业、服务经济，后来增加了创意经济、低碳经济、甲醇经济为九大新产业。

明确提出循环经济催生、发展了九大新产业，目的是为产业结构优化升级探索新的发展方向。对纷繁复杂的看似关联度不大的相关产业，只要能实现"四个更"的愿景，用循环经济理念归拢整合起来，这样做既符合科学发展观的本质要求，又便于实际操作。

我在省内外宣传循环经济的实践中深切感受到，"四个入手"、"九大产业"，适应面广，操作性强，在全国各地都适用。按这个路子去实施，可以调动各个方面参与推行循环经济的积极性，达到坚持发展是第一要务，坚持落实科学发展观，收到鱼和熊掌兼得的效果。

五、建设生态文明，要认真总结经验，用典型来推动工作

在党中央、国务院和各级党委、政府的高度重视和正确领导下，在广大干部群众的积极努力下，全国各地涌现了一大批各具特色的生态文明建设先进典型，这里仅举几个实例。

我国山区茶叶生产存在一系列问题：水土流失严重，生态遭到破坏，单产低，农残超标，品质下降，品种退化，采摘加工成本高。多数茶园亩均收入在千元左右。黄山市多维生物科技有限公司陈光辉，通过多年探索实践，按生态学规律和生态经济理论，也就是循环经济的原理来建设多维立体生态茶园。充分运用自然界植物、动物、微生物之间的生态良性循环规律，构建多物种、多样性、多层次之间相生相克、相得益彰的立体生态网络。不仅解决了水土流失、生态破坏问题，优化了生态环境，还把开发有机安全茶和名优茶结合起来，扩大了农民劳动就业，每亩农林产品收入可达万元以上。

安徽省科鑫养猪育种有限公司负责人陶立研究员承担国家"863"项目"太湖猪/淮猪等优质瘦肉型新品系和配套系选育技术研究"重大课题，成功培育出吃料少、可节约饲料40%、生长速度快（156天可达90公斤）、瘦肉率高达65%、肉质优的新猪种。该公司运用这一自主创新的关键核心技术，大力推行循环经济，破解了生猪养殖中价格波动、猪肉安全、环境污染、卫生防疫等一系列难题。将污水、猪尿与猪粪变成制沼气、沼液、有机肥、发展蚯蚓产业和有机农业的宝贵资源，实现了大型养猪场不用建污水处理厂，就可达到污水不外排、不生蛆蝇、基本无异味的良好效果。

安徽省池州市从1988年重新复建后，就提出"不会治山治水就不会治区"。1995年7月又提出，把池州全地区建成"大环保产业开发区"，坚持以青山清水为本，走生态经济之路，于1996年创建了中国第一个国

家级生态经济示范区。特别是"十一五"以来，发生了翻天覆地的变化。一进入池州大地，就给人们一种强烈的感受：风景优美，生态良好，人与自然比较和谐，是一个宜业宜居宜游的好地方。2010 年 8 月，池州市第三次党代会进一步提出，紧紧围绕建设国家级生态经济示范区和世界级旅游目的地，大力实施"生态立市、工业强市、旅游兴市、商贸活市、文化名市"的发展战略，把生态立市放在第一位，在城市建设和经济社会发展中，始终贯彻了这一战略思想。23 年来，池州的成就和经验可以摆出很多条，其中很重要的一条就是，池州复建 23 年，是建设生态文明的 23 年，是科学发展的 23 年。

认真总结典型经验，以点带面，加大扩散推广的力度，是加快建设生态文明的重要举措。

六、建设生态文明，关键是加强领导

建设生态文明要求从总体布局设计上，全面落实科学发展观的四个要点，抓生态文明建设就是抓"发展"这个党执政兴国的第一要务，支持生态文明建设就是支持"发展"这个第一要务，不能把生态文明建设与第一要务割裂开来，是一回事不是两回事，是更好更快的发展。要依靠坚强的领导，发挥社会主义制度能集中力量办大事的优势。为此建议：

（1）整合目标，整合力量，整合认识，整合资源，整合资金，形成整体效益。

（2）进一步加强领导，整体行动，广泛发动，强力推动，全面发展，重点突破。

关于加强领导这一条建议，是我在长期工作实践、调查研究、反复思考中得到的深刻认识。如果能这样做，凭已有的力量、资源、资金，生态文明建设就可以取得更大的成效，而且可以探索出落实科学发展观，实现更好更快发展的新路子。

加快推进太湖流域生态文明建设
促进太湖流域经济社会可持续发展

全国政协委员、水利部原副部长、
中国生态文明研究与促进会副会长　翟浩辉

各位领导：

"生态文明"写入十七大报告，是我们党首次把"生态文明"这一理念写进党的行动纲领，作为实现全面建设小康社会奋斗目标的五大新的更高的要求之一，标志着我国生态文明建设进入新阶段。《中共中央关于制定国民经济和社会发展第十二个五年规划的建议》，又把"加快建设资源节约型、环境友好型社会，提高生态文明水平"作为重要一章，对于我国现实和未来的发展意义重大。下面，我结合太湖流域水环境综合治理，谈谈生态文明建设有关问题。

一、生态环境和生态文明的关系

1. 对生态环境的理解

《中华人民共和国环境保护法》对"环境"的定义是："影响人类社会生存和发展的各种天然和经过人工改造的自然因素总体，包括大气、水、海洋、土地、矿藏、森林、草原、野生动物、自然古迹、人文遗迹、自然保护区、风景名胜区、城市和乡村等"。

《中国大百科全书》对"环境"的定义是："围绕着人群的空间及其中可以直接、间接影响人类生活和发展的各种自然因素和社会因素的总体"；对"生态环境"的定义是："围绕着人群的空间中可以影响到人类生活、生产的一切自然形成的物质、能量的总体。"

水是生命之源，水生态环境是包括人类在内所有生物赖以生存的最基本条件。

所以说，无论是"环境"、"水生态环境"都是与人类生活与发展息息相关的。

2．对生态文明的理解

党的十七大提出了"建设生态文明"重大战略任务，这是我们党对人与自然、发展与环境关系认识上的飞跃。生态文明在深刻反思工业文明导致的环境危机，发展难以为继的深刻教训的基础上，继承和发展了工业文明，形成一种遵循自然、经济、社会整体运行规律，促进人与自然和谐，发展和环境双赢的现代文明。其基本理念为：人类与自然界其他生命群体之间的关系是平等、友好、和谐、共生存、共繁荣的关系，而不是主宰与被主宰的关系；人类的发展必须以生态环境的承载能力为前提，不可超出其极限值；人类开发利用自然资源，必须遵循人际公平、国际公平、代际公平的道德准则，不可肆意侵占、掠夺、霸占他人、他国和子孙后代的权益；倡导资源节约、高效、循环利用，力求效益最大化，消耗最低化，对环境和人类健康的影响最小化，以可持续发展为目标，排斥一切"竭泽而渔"、"杀鸡取卵"，急功近利的短期行为等，从而在更高层次上实现人与自然、环境与经济、人与社会的和谐。

生态环境建设和保护是生态文明建设的阵地，太湖流域水环境综合整治对推进流域生态文明建设有着重大的历史意义和战略意义。

二、加快推进太湖流域生态文明建设的重要意义

1．深入贯彻落实科学发展观的内在要求

太湖流域是长三角的核心区域，是我国经济社会最发达、人口和产业最密集、发展最具活力的地区之一。其流域面积 3.69 万平方公里，人口约 5 724 万人，人口密度每平方公里约 1 500 人；GDP 总量 3.64 万亿元，占全国的 11%；人均 GDP 7 万元，是全国人均的 2.9 倍。随着流域经济社

会的不断发展，流域环境遭到了严重破坏，近几年，流域水质总体评价为劣于Ⅴ类，水体富营养化趋势不断加强，蓝藻几乎年年不同程度地暴发，2007年还导致了无锡供水危机，给流域人民群众生产生活带来了影响。因此，要破解日趋强化的资源环境约束，必须深入贯彻落实科学发展观，在全流域加快推进生态文明建设。

十七大指出："科学发展观，第一要义是发展，核心是以人为本，基本要求是全面协调可持续，根本方法是统筹兼顾。"而在太湖流域推进生态文明建设，正是以最广大人民群众的根本利益作为出发点和落脚点，以人与自然、人与社会和谐共生、良性循环、全面发展、持续繁荣为宗旨，总览全局、统筹规划，抓住牵动全局的主要工作、事关群众利益的突出问题，着力推进、重点突破，强调在产业发展、经济增长、改变消费模式的进程中，尽最大可能积极主动地节约能源资源，最大限度地保护好太湖流域水环境，让流域内人民群众在良好的生态环境下生活得更舒适、更幸福，实现流域经济、社会、环境的共赢。

2．加快转变经济发展方式的客观需要

加快转变经济发展方式是流域"十二五"规划的主线。流域的发展与环境密不可分，相互制约，流域环境问题究其本质，是经济结构、生产方式和资源约束的问题，离开经济发展谈环境保护是"缘木求鱼"，离开环境保护谈经济发展是"竭泽而渔"。目前，太湖流域GDP增长主要靠产业的总量扩张，走的是靠过度消耗资源、破坏生态环境为代价的粗放型发展模式，流域环境承载力越来越成为经济发展规模和发展空间的主要制约因素，经济发展方式尚未发生根本转变。

加快推进太湖流域生态文明建设，更新发展理念，创新发展模式，把生态环境作为最稀缺的发展要素，破解流域经济社会发展和资源环境的约束矛盾，倒逼经济结构调整和发展方式转变，推动经济发展由主要依靠物质资源消耗向创新驱动转变，由粗放式增长向集约型发展转变，不断提高资源利用效率和环境承载能力，增强流域综合实力，提高人民生活水平，

提升流域竞争力和抵御风险的能力，引导流域经济社会转入科学发展的轨道，推动流域走上生产发展、生活富裕、生态良好的文明发展道路。

3. 保障和改善民生的前提条件

保护环境是重大民生问题。环境保护直接关系人民生活质量，关系群众身体健康，关系社会和谐稳定。广大人民群众随着生活水平的提高，对干净的水、新鲜的空气、洁净的食品、享受绿色的空间等方面的要求越来越高。据调查，太湖流域 62 个地表水源中达到和优于Ⅲ类水标准的水源地 22 个，占 35.5%；劣于Ⅲ类水标准的水源共 40 个，占 64.5%，主要是总磷、总氮、高锰酸盐指数、化学需氧量、铁、锰等指标超标。2010 年太湖流域 103 个重点水功能区水质达标率为 3.9%。太湖西北部湖区及入湖河道水质仍然较差，入湖河流总氮、总磷浓度超标现象仍然普遍。生态环境总体恶化的趋势没有得到根本扭转，给流域广大人民群众生产生活带来了严重的影响。

推进太湖流域生态文明建设就是顺应广大人民群众的新期待，摒弃过去那种高污染、高消耗、低效益的粗放增长方式，强化环境治理和生态建设，着力解决影响群众健康的突出环境问题。改善和优化人与自然的关系，创造有序的生态运行机制和良好的生态环境，为人民群众营造良好的生态环境，让人民群众生活得更舒适、更健康、更幸福。

三、着力抓好以下几项工作，切实提高流域生态文明水平

1. 以水资源管理"三条红线"为核心，全面实行最严格的水资源管理制度

尽快出台实行太湖流域最严格水资源管理制度的决定和考核办法，尽快制定最严格的水资源管理制度实施方案，划定水资源开发利用总量控制、用水效率控制和水功能区限制纳污"三条红线"，使管理目标更加清晰，制度体系更加严密，管理措施更加严格，责任主体更加明确。将水资源开发利用与节约保护的主要控制性指标纳入流域经济社会发展综合评

价和年度考核体系，对地方政府实行问责制，通过有效的责任追究与问责机制，将水资源管理的责任落实到各级政府。

2. 以总量控制为核心，健全水资源配置体系

进一步完善太湖流域水资源规划体系。要以实现水资源可持续利用为目标，以需水管理为核心，抓好流域、区域水资源综合规划和节约、保护等专业规划的编制和落实工作，强化监督检查，充分发挥规划的基础导向作用和刚性约束作用。太湖流域要制定流域水量分配方案，明确流域内两省一市的取水许可总量控制指标，对流域内经济社会用水实行总量控制。切实加强水资源论证工作，大力推进国民经济和社会发展规划、城市总体规划和重大建设项目布局的水资源论证工作，从源头上把好水资源开发利用关，增强水资源管理在国家宏观决策中的主动性和有效性。

3. 以提高用水效率和效益为中心，大力推进节水型社会建设

节水型社会建设作为全流域推动经济发展方式转变的关键突破口，必须要在加快用水方式转变上，在促进经济结构调整上采取更有力的措施，取得更大的作为。要严格实施用水总量控制和定额管理，加强取水许可和水资源论证管理，强化对重点行业和新建项目的水资源供给刚性约束，促进形成节约用水的倒逼机制，推动各行各业用水方式切实转变。把再生水作为节水的重要领域，扩大再生水的利用范围和规模，大力发展节水产业。促进经济结构调整，加快经济发展方式转变。

4. 以水功能区管理为载体，进一步加强水资源保护

加强饮用水水源地保护，按照《中华人民共和国水法》和国务院批准的《全国城市饮用水安全保障规划（2006—2020）》要求，制定水源地保护的监管政策与标准，强化饮用水水源保护监督管理，完善水源地水质监测和信息通报制度。强化水功能区监督管理，进一步完善水功能区管理的各项制度，科学核定水域纳污能力，根据国家节能减排总体目标，研究提出分阶段入河污染物排放总量控制计划，依法向有关部门提出限制排污的意见。严格入河排污口的监督管理，加强省界和重要控制断面的水质监测，

强化入河排污总量的监控。加强水生态系统保护与修复，抓紧建立生态用水及河流健康指标体系。开发利用水资源要维持河流合理流量，维持湖泊、地下水的合理水位，防止水体污染。切实加强地下水资源保护。

5. 以执法监督为保障，规范水资源管理行为

国务院今年颁布了《太湖流域管理条例》，为太湖流域水资源保护和水污染防治，保障防汛抗旱以及生活、生产和生态用水安全，改善太湖流域生态环境，提供了重要保障。太湖流域要依据《太湖流域管理条例》，以水资源管理"三条红线"为核心，全面实施最严格的水资源管理制度，严厉查处违法排污，违法取用水，破坏水资源、水环境等行为，加大对涉水项目未批先建、侵占水域、违法设置排污口与排污等违法行为的查处力度，做到有法必依、执法必严和违法必究。

为了一库清水送京津

——淅川县生态环境保护的实践与思考

河南省人大常委会原副主任

水利部黄河水利委员会原主任　亢崇仁

水资源是基础性的自然资源和战略性的经济资源，是生态和环境的重要控制性因素，对于经济社会发展和国家安全有着非常重要的作用。南水北调中线工程是国家实施的重大水资源配置项目，对于缓解北方地区水资源紧缺、改善生态环境具有十分重要的战略意义。因此，搞好生态环境保护，就成为南水北调中线工程建设的首要任务，必须强化生态环境保护意识，采取有效措施，着力打造生态长廊，确保一池清水入京津，一泓清水送京津。

今年 10 月，我到淅川县考察，淅川人民为了丹江水库建设，20 世纪五六十年代曾大规模移民 20 多万人，近期又为了南水北调中线工程建设，在短短两年里，实现了 20 万移民的大规模和谐搬迁，总量超过小浪底水库移民最多的新安县，农村移民量超过三峡水库移民最多的万县市，为丹江水库工程和南水北调中线工程作出了巨大牺牲和奉献，树立了一座丰碑，使我非常感动。同时，为了一库清水送京津，淅川人民以极大的决心与顽强的拼搏精神，进行着生态环保大行动，坚持不懈地推进生态环境保护，积极探索生态与经济协调同步的科学发展之路。他们的生动实践，给我留下了深刻印象，使我受到了深刻的教育与启示。

淅川县地处豫鄂陕三省七县的结合部，既是南水北调中线工程的水源地，又是丹江水北上的渠首工程所在地，具有重要的地位和作用。淅川县委、县政府牢记党中央和国家领导的嘱托和京津人民的殷切希望，把确保一库清水北上作为首要任务，响亮地提出"把丰碑刻在青山上，把政绩融在清水里"，"既要金山银山，更要碧水蓝天"，确立了生态立县的发展战略，以生态工业、生态农业、生态旅游为目标，采取了"造、保、治、调"四大措施，强力推进生态环境保护，大力发展生态经济，积极探索生态与经济协调发展的路子，取得了显著成效。

一是坚持每年集中时间大规模开展绿化造林。采取合同造林方式，将25万亩造林指标承包给造林专业大户，所需资金由承包人垫付，冬季造林，次年8月验收，只要树苗成活率达到85%以上，即可获得政府的资金返还，大大提高了造林成活率和造林效率。全县造林面积已达172万亩，森林覆盖率由"十五"末的28%提高到目前的45.3%，对于涵养水源、改善生态环境发挥了显著作用。

二是持之以恒地推动水土保持。累计投资8 000万元，对22条小流域进行综合治理，治理面积787公里^2，治理区植被覆盖率由15%提高到58%，土壤侵蚀模数由4 000吨/公里^{2}减少到1 000吨/公里^{2}以下，年减少土壤流失达到210万吨。

三是全面开展水污染防治。采取了点源治理与面源治理相结合的方式，制定了《水质保护工作实施意见》。痛下决心，关停并转110多家企业，投资7 600万元建成防治设施160多台（套），形成了年处理废水474万吨及废气、废渣的处理能力，废水排放大幅下降，有力地促进了点源治理。同时实施绿色植保，大力发展无公害农业，强化了农业的面源治理。加强水质监测和管理，有效地促进了南水北调水源水质的改善，使水库水质的25项指标均达到优于Ⅱ类水质标准，符合了调水的水质要求。

四是积极调整经济结构，大力发展生态高效经济，促进发展方式转变。因地制宜，发挥山区优势，大力发展现代高效农业，形成辣椒、胡桑、花椒、柑橘等优势特色产业，成为促进农民增收、新农村建设的有效途径。大力发展新型工业，坚持环保第一审批制度，提高环保准入门槛，为科技环保型产业发展拓展空间，逐步形成了机械制造、医药化工、冶金建材、电力等工业群体，一些大中型企业正在迅速崛起。渠首高效生态经济示范区开始起步，以文化旅游为主的第三产业发展态势良好。总体来看，经济结构优化升级的局面正在逐步形成。

淅川是一个革命老区县、山区县、贫困县，基础差、底子薄，存在着诸多困难，虽然在生态环境保护和经济发展方面取得了新的突破和进展，但目前依然面临着生态环境保护的艰巨任务和经济发展的巨大压力。我相信，只要坚持不懈地按照生态优先、生态与经济协调发展的路子走下去，一定会取得更大的发展和成效，确保一库清水北上，一定能够实现让京津人民喝上放心水的目标。

从淅川生态环境保护的实践中，我也受到一些启示：

（1）南水北调中线工程是一个宏大的生态系统工程，生态环境保护的好坏关系到工程的成败。由于该工程是跨区域、跨流域的重大水资源配置项目，引水总干渠长 1 276 公里，向北京、天津、石家庄等 20 多座严重缺水的大中城市供水，涉及范围广，部门行业多，要求很高，应作为生态文明建设的重大课题，组织有关人员进行深入分析研究，全面规划，制定政策措施，着力打造南水北调中线生态长廊，使其成为我国大型工程项目中的生态文明建设示范工程，对推动我国的生态文明建设将会产生积极的带动示范作用。

（2）目前，在我国的经济发展中，探索生态与经济协调发展，加快转变发展方式是一个重大课题。淅川县为了一库清水北上，把生态放在优先的重要位置，先行先试，不断创新，破解难题，书写了生态与经济协调发展的新篇章，具有很好的借鉴和示范意义。因此，应该进一步总结推广，提高生态文明建设水平，为南水北调中线工程树立一个生态文明建设示范点，带动和促进生态环境保护的持续发展。

（3）要建立和完善南水北调中线工程生态补偿机制。建立健全生态补偿机制是中线工程生态环境保护的必然要求。从实践的经验看，加强生态环境保护必然在一定程度上使经济发展空间受到影响，或者提高了发展成本，因此，必须建立生态补偿机制，完善政策措施，实现对生态保护投资者的合理回报和对生态环境保护的资金支持，只有这样才能保证有序的生态运行机制，为促进生态环境保护持续发展提供支持和保障。

建设生态新苏州　构筑和谐新天堂

——在中国生态文明研促会第一届（苏州）年会上的主旨发言

苏州市人民政府市长　阎　立

尊敬的陈宗兴副主席，各位领导、各位嘉宾，同志们、朋友们：

大家上午好！

当前，转变经济发展方式既是一个热门话题，也是一项全球性、全局性、战略性的重大课题，在后金融危机时代，如何加快转变经济发展方式，调整优化产业结构，推动经济社会又好又快发展，已成为各级政府面临的重大挑战。党中央、国务院和江苏省委、省政府高度重视生态文明建设，党的十七大首次作出了建设生态文明的重大部署，十七届四中全会又把生态文明建设提升到与经济、政治、文化、社会建设并列的战略高度，形成了中国特色社会主义事业"五位一体"的总体布局。刚刚闭幕的江苏省第十二次党代会，要求以更大的力度建设生态文明，努力实现经济持续增长、污染持续下降、生态持续改善。此次在苏州召开的中国生态文明研促会第一届（苏州）年会，以"生态文明、绿色转型"为主题，对相关专题进行深入研讨，并最终形成《生态文明　苏州宣言》，这必将在转变经济发展方式的认识、途径、对策上，形成更多更好的研究成果，也必将为苏州在更高起点全面推进生态文明建设提供重大机遇。根据会议安排，下面由我就苏州生态文明建设情况作简要汇报。

一、苏州经济社会发展概况

苏州位于江苏省东南部，东邻上海，南接浙江，西抱太湖，北依长江，是我国首批历史文化名城、著名的风景旅游城市和长江三角洲重要的中心城市之一。全市总面积 8 488 平方公里，其中水面占 42.5%，常住人口 1 046 万，户籍人口 637 万。下辖张家港、常熟、太仓、昆山、吴江 5 个县级市和吴中、相城、平江、沧浪、金阊、苏州工业园区、苏州高新区 7 个行政区。改革开放特别是近几年来，在党中央、国务院和江苏省委、省政府的正确领导下，在上级有关部门的悉心指导下，我们坚持以科学发展观为统领，以转变经济发展方式为主线，紧紧围绕"两个率先"、"三区三城"（科学发展的样板区、开放创新的先行区、城乡一体的示范区，以现代经济为特征的高端产业城市、生态环境优美的最佳宜居城市、历史文化与现代文明相融的文化旅游城市）和富民强市的目标，狠抓发展第一要务，深化改革第一动力，注重民生第一需求，加快转型第一抓手，促进和谐第一责任，全市经济快速发展，社会事业全面进步，综合实力显著增强，城乡面貌日新月异，先后获得"国家环保模范城市群"、"国家园林城市群"、"全国文明城市"等 30 多项国家级称号，并荣获"国际花园城市"、"中国投资环境金牌城市"等 10 多项世界级荣誉。2010 年，全市实现地区生产总值 9 228.9 亿元，地方一般预算收入 900.6 亿元，市区居民人均可支配收入 29 219 元，农民人均纯收入 14 657 元，分列全国各大中城市的第五、第六、第十和第三位。按常住人口计算，去年我市人均 GDP 超过 1.2 万美元，城乡居民平均收入超过 3 500 美元，步入中等收入阶段，所辖五个县级市全部进入全国"综合实力百强县"前 10 名。

二、苏州生态文明建设取得的成效

在经济快速发展的同时，苏州市委、市政府高度重视环境保护和生态文明建设，坚持"环保优先、节约优先"方针，深入实施可持续发展等六大战略，出台《关于深化环保优先促进科学发展的意见》等系列文件，将环保优先全面落实到经济社会建设的各个领域，把生态文明建设作为落实科学发展观、实现经济社会又好又快发展的过程，作为坚持以人为本、体现为民惠民的过程，作为加强污染防治、探索环境保护新道路的过程，作为提升全民环境意识、推动市民广泛参与的过程，环境保护实现了从"国家环保模范城"到"全国生态示范区"再到"国家生态市"的三级跳跃，形成了"既要金山银山，又要绿水青山"向"有了绿水青山，才有金山银山"发展理念的升华，生态文明建设取得了重要进展。

一是以结构调整为重点，加快形成生态经济体系。

优先发展生态工业，制造业以电子信息、装备制造、纺织、轻工等六大超千亿元的主导产业为主，新能源、新材料、节能环保、新型平板显示等八大战略性新兴产业产值占规模以上工业总产值的比重达 28.8%。优化发展生态农业，落实优质粮油、高效园艺、特种水产、生态林地"四个百万亩"产业布局，建成 18 个万亩以上现代农业示范园，农业规模经营比重达 80%，高效农业比重达 59%。提升发展生态服务业，服务外包、商务会展、现代物流等新兴服务业方兴未艾，建成 60 个服务业集聚区。大力发展循环经济，树立一大批循环经济、清洁生产、环境友好企业示范典型；形成城市生活（餐厨）垃圾、电子废弃物等 8 条循环产业链；建成苏州工业园区、苏州高新区等 4 个国家生态工业示范园区，省级以上开发区全面完成生态园区规划编制；成立市循环经济推广中心等机构，搭建循环经济技术、产品、信息交易服务平台，成功举办三届"循环经济城市发展论坛"和全国第二次国家生态工业示范园区建设工作会议。经济结构持续优化，三次产业比重为 1.7∶56.9∶41.4，服务业增加值占 GDP 的比重逐年提高。

二是以水气污染防治为重点，加快完善生态环境体系。

大力实施"碧水"工程，建成投运城镇污水处理厂 103 座，形成日处理能力近 300 万吨，城镇生活污水处理率达 95%，集中式水源水质达标率达 100%。大力实施"蓝天"工程，所有电厂、热电厂全面建成脱硫设施，控制道路、施工扬尘和汽车尾气排放，淘汰"黄标车" 3 万多辆，市区禁煤区扩大到 650 平方公里，2010 年市区空气优良以上天数比例达 90% 以上。大力实施"宁静"工程，在全省率先颁布实施《建筑施工噪声污染防治管理规定》，建成市区环境噪声自动监测系统，噪声环境质量达到功能区标准。建成 5 座垃圾焚烧发电厂，形成年焚烧能力 155 万吨，全市生活垃圾、工业固废和医疗废物处理处置率达 100%。强化核与辐射防治，开展射线装置普查和电磁辐射设备申报登记，建立动态管理数据库。加强节能减排，大力推动项目节能、企业节能、淘汰节能和工程减排、结构减排、管理减排，全面完成省政府下达的"十一五"节能减排任务。

三是以城乡统筹为重点，加快优化生态人居体系。

抓住省委、省政府把我市确定为全省城乡一体化发展综合配套改革试点市的重大机遇，统筹城乡生态建设，着力改善人居环境，全力打造生态环境优美的最佳宜居城市。优化城乡空间布局和资源配置，鼓励农民进城、进镇落户。全市 88% 的农村企业进入工业园，80% 的农业用地实现规模经营，43% 的农户实现集中居住，累计有 43 多万农户、超过 110 万农民实现了居住地转移和身份转变。高水准推进"绿色苏州"建设，全面启动"两湖一江"、村庄绿化等"八大工程"，"十一五"以来，全市新增林地绿地近 70 万亩，陆地森林覆盖率提高了 9 个百分点。大力推进农村环境建设，全市农村生活污水处理率达到 53%，农村生活垃圾"户集、村收、镇运、市（县）处理"的处置模式实现全覆盖。快速推进"细胞工程"创建，全市实现全国生态镇创建"满堂红"，所辖五市及吴中、相城区全部建设国家生态市（区），苏州生态市通过国家考核验收。

四是以保护和修复为重点，加快构建自然资源体系。

环境是最稀缺的资源，生态是最宝贵的财富。这几年，我们不断加强生态保护和修复，努力促进山、水、人、城的有机融合，倾力打造"人工山水城中园、自然山水园中城"的"园林苏州"。我们划定了七大类、72 块重要生态功能保护区，全市受保护地区面积占国土面积的比例近 40%。加强山体、耕地、湿地和地下水资源的保护利用，全面关闭采石企业，整治宕口 112 只，复绿面积 113.7 万公顷；全面禁采地下水，加大冬季回灌力度，地下水位普遍回升 10 米以上；全面执行最严格的耕地保护制度，土地集约利用水平显著提高；全面编制实施湿地保护规划，成立省内首家湿地保护机构，建成 3 个国家城市湿地公园和 3 个国家级、4 个省级湿地公园，全市湿地面积达 537 万余亩。全市环境质量指数逐年提高。

五是以环境监管为重点，加快夯实能力保障体系。

我们始终把保障环境安全作为环保工作的第一要务，大力提升监管能力，不断加大监管力度，以铁的决心、铁的手腕、铁的纪律强化环境执法，有效维护群众的环境权益。加强建设项目管理，新建项目一律"入园进区"，"十一五"期间，全市拒批"两高一资"项目 1 820 余个，涉及资金 393 亿元。加强环境监督管理，占全市 85% 以上污染负荷的重点污染源全面实现在线监控，五年来立案查处各类环境违法行为 3 360 多件，挂牌督办突出环境问题 698 件，处罚金额超过 1.1 亿元。加强环境监测能力建设，初步形成涵盖水、气、声、放射源的立体自动监测网络和电磁辐射移动监测系统，实现对环境质量的实时监测、预警和发布。加强环境信息管理，建成使用集信息采集、存储管理、污染控制、网络办公和环境决策指挥于一体的"数字环保"系统。

三、苏州生态文明建设的主要做法

近年来，在我市及五个县级市、苏州工业园区、苏州高新区生态文明建设规划通过论证的基础上，我们进一步加强组织领导，加快环境立法，加大资金投入，不断创新体制机制，做到经济建设与生态建设一起推进，产业竞争力与环境竞争力一起提升，经济效益与环境效益一起考核，物质文明与生态文明一起发展，努力实现经济社会与环境保护的"双赢"。重点采取了以下措施：

一是加快环境立法，健全法规体系。

我市自古就非常重视环保立法。早在乾隆二年的 1737 年，苏州虎丘、山塘街一带的丝绸染坊业非常发达，为防止造成水污染，当时的苏州府便在虎丘山门口竖起了一座"苏州府永禁虎丘开设染坊污染河道碑"，这比英国的《水质污染控制法》和美国的《河川港湾法》要早一二百年，成为世界上第一部防止水污染的法典。1993 年我市成为较大市以来，先后制定颁布了《苏州市阳澄湖水源水质保护条例》《苏州市风景名胜区条例》等与生态保护密切相关的地方性法规 20 多项，今年又出台了《苏州市湿地保护条例》。目前，我市已基本形成了涵盖水、气、声、固废和生态等各个领域、较为健全的地方环保法规体系，全市生态文明建设加快步入规范化、法制化轨道。

二是加大资金筹措，完善投入机制。

健全政府引导、市场运作、社会参与的生态文明建设多元化投入机制。"十一五"期间，全社会环保投入累计达 1 144 亿元，是"十五"期间的 3 倍多，近两年全社会环保投资占 GDP 的比重均超过 3.5%。强化财政资金引导，按照不低于地方财政收入 3‰的比例，建立环境保护专项资金和污染防治资金，新增财力的 10%～20%用于水污染防治。发挥价格杠杆作用，继 2002 年市区污水处理费提高至 1.15 元/吨后，去年又提高至 1.33 元/吨，成为全国污水处理收费最高的城市之一。建立生态补偿机制，我市及各地先后出台补偿意见和办法，对基本农田保护，生态公益林建设，太湖、阳澄湖水源地和湿地村实施生态补偿，去年底，市、区两级财政按 1∶1 的比例共核拨补偿资金 1 亿多元，为生态文明建设提供了有力的资金保障。

三是创新体制机制，增强建设活力。

严格执行"一把手"负责制、建设项目"第一审批权"、评先创优"一票否决权"的环保"三个一"制度。创新环境管理体制，建立市、县级市（区）、镇（街道）、村（社区）四级环保管理队伍，以适应日益繁重的环境监管需要。完善综合决策机制，建立重大事项集体决策、重要问题专家咨询、重点项目社会公示制度，提高环保参与综合决策的能力。强化区域联动机制，完善苏浙团结治污、苏沪联合治水、苏锡互帮互助、市内联防联控机制，保障省、市、县交界地区环境安全。健全政策扶持机制，实施

绿色信贷，2007 年建立"绿色信贷征信系统"以来，共压缩、拒贷资金
30 多亿元；推行企业污染责任保险，吸引全市 66 家企业参保，投保总额
达 1.32 亿元；探索排污权有偿使用制度，确定 400 多家企业开展试点。
建立社会协作机制，发挥环境科学会、生态协会等各类中介机构作用，壮
大环保志愿者队伍，共同推动生态文明建设。

　　今后一个时期，是我市率先基本实现现代化、建设"三区三城"的关
键时期，也是深化改革开放、加快转型升级的攻坚阶段。近期，环保部确
定了第三批全国生态文明建设的试点地区，至此，我市及所辖五市、四区
全部成为试点市、区。我们将围绕转变经济发展方式、推动可持续发展这
条主线，把促进当前发展与保障未来发展统一起来，把实现建设目标与满
足群众期盼结合起来，不负重托、不辱使命，坚持走生态文明发展道路，
争当生态文明建设的倡导者、探索者、引领者和实践者，大胆探索转型升
级新路径，积极创造生态文明建设新经验，为把苏州建设成为经济发达、
社会和谐、生态优美的最佳宜居城市而不懈努力。

把握生态建设主线　从现实问题入手
建设生态文明*

中国高新技术产业开发区协会理事长　张景安

各位领导、各位理事、各位来宾、各位代表：

大家好！

根据会议安排，我现就昨天下午第四分会"中国生态文明建设高层研讨"作简要汇报。

第四分会由研促会会长、第十一届全国政协副主席、农工党中央常务副主席陈宗兴主持，会议安排四位同志作了发言，之后，多位同志又进行了讨论式发言，此后，还共同讨论了《生态文明　苏州宣言》。

第一位发言的是研促会副会长、安徽省人大原副主任、安徽省循环经济研究院院长季昆森，题目是"牢牢把握主题主线，更好建设生态文明"。季昆森副会长理论根基深厚，对循环经济颇有研究。这次他提出"将循环经济的原理渗透到国民经济和社会发展规划中，引入到制定治国安邦、富民强国的大政方针中"。他的发言不仅阐述了生态文明理论，同时具有实践的指导性和可操作性。要点归纳如下：

（1）党的十七大提出以建设生态文明为指导，全社会每个人树立生态文明观念，并以生态文明观念指导行动。

（2）突破传统：转变思想观念和发展模式，必将推动一场深刻的环境革命、经济革命、技术革命和文化革命，从而实现经济与生态的双赢。

（3）生态环境资本经营。提高资源产出率、加快"两型"社会建设。

---

* 本文为研促会第一届年会第四分会场总结发言，题目为编者代拟。

（4）把循环经济原理渗透到生态文明建设中，强化三大功能，构建四个体系。

（5）典型推动，示范引路。介绍了生态猪和池州示范区等经验。

（6）加强领导。抓生态文明建设就是抓"发展"这个党执政兴国的第一要务，支持生态文明建设就是支持"发展"这个第一要务。

第二位发言的是今天大会主持人、研促会副会长，第十一届全国政协委员，水利部原副部长翟浩辉同志。他从战略和全局高度论述了长江、太湖生态文明建设的问题。

水是生命之源，水生态环境是包括人类在内所有生物赖以生存的最基本条件，水污染是我国头号环境问题。

太湖生态文明建设具有重大意义，太湖流域是长三角的核心区域，面积 3.69 平方公里，人口 5 724 万。近几年，流域水质总体评价劣于V类，水体富营养化趋势明显，蓝藻年年暴发。2007 年蓝藻暴发导致几百万人供水危机。目前太湖流域经济发展主要靠产业总量扩张，走的是靠过度消耗资源，破坏生态环境为代价的粗放型发展模式，流域承载力成为主要制约因素，生产方式尚未发生根本转变。

近五年，在保护生态环境方面做了大量工作，也尽力努力，但形势仍然任重道远。主要是总磷、总氮、高锰酸盐指数、化学需氧量、铁、锰等指标超标，入湖河流总氮、总磷浓度超标现象仍然普遍存在。

"你住长江头，我住长江尾，你的下水道，我的自来水"，这简单的话，开头谈长江，却又发人深省。

长江为亚洲第一长河，全长 6 300 公里，多年平均径流量 9 960 亿立方米，长江流域行政区占国土面积的 1/5，GDP 占全国的 40%以上。长江为沿江各城市主要水源，黄金水道被众多污染企业包围。据统计，长江沿岸分布着 1 万多家化工企业、五大钢铁基地、七大炼油厂、几十个大型临港工业区。长江沿岸 4.5 亿人饮水存在隐患，生态环境形势严峻。

他在发言中提出五条建议：

（1）以水资源管理三条"红线"为核心，全部实行最严格的水资源管理制度。

（2）以总量控制为核心，健全水资源配置体系。

（3）以提高水效率和效益为中心，大力推进节水型社会建设。

（4）以水功能区管理为载体，进一步加强水资源保护。

（5）以执法监督为保障，规范水资源管理行为。

第三个发言的是我本人，发言题目为"绿色创新与创新文化"。

中国政府制定的自主创新战略，旨在从根本上改变对外技术的依赖和重复引进、从根本上改变受制于人的局面，变中国制造为中国创造。而且从我们这次会议上提出的生态文明的要求来看，必须是绿色制造、绿色转型、绿色发展、绿色创新。

据调查，创新存在"三大难点"和"四多四少"。

三大难点：

（1）垄断。据28个行业调研，21个被跨国公司垄断。垄断阻碍创新，有的大企业不创新、靠垄断，早晚会出问题。

（2）融资难。中小企业融资难是我国多年来存在的短板之一。

（3）知识产权得不到有效保护。巨额研发投入难以回报，影响创新。

四多四少：

面向国内多，面向国际少。

考虑眼前多，考虑长远少。

模仿山寨多，独立创新少。

创业多，创新少。很多创业公司没有实质性创新，山寨方法不是创新，山寨创新源于山寨学术，属于患上科研浮躁症和自闭症，习惯于复制先进成果，什么火做什么，只复制没创新，科学研究中出现政治化、行政化、名人化，研究论文领导和名人排前面，不实事求是，这种风气压制创新，还造成学术民主和团队精神缺失。专家定项目、评项目的办法不适应"创新"，造成这些项目成果一缺市场潜力，二缺前瞻性，因此需要深化改革，解放思想，破除迷信，破除论资排辈等，进一步解放尤其是年轻人的创新潜力。

自主创新是一场硬仗，弘扬绿色创新文化是当务之急，我提出十种文化：

（1）弘扬诚信文化。没诚信谈不上绿色创新。

（2）要不怕失败、容忍失败。创新是寂寞的长跑，多数失败，少数成功。创新初期，失败比成功更有意义。但目前存在企业和企业家怕失败的现象，社会上也缺乏对失败的宽容。如不尊重创新的规律，太功利、太急躁，搞不了创新。

（3）绿色市场需求是绿色创新的源泉。

（4）创新产业化需要与风险投资的合作。

（5）创新激情与火花。

（6）创新的幼苗如何长成参天大树。

（7）创新激励机制。

（8）民营企业创新。

（9）创新领军人才。

（10）中国从引进学习阶段已经进入到创新引领阶段，也就是从仿制到做别人没做过的，这就需要实现思路和角色的转换，弘扬超越外国人的自信心和创新强国的亮剑精神。

第四位发言的是研促会专家咨询委副主任、河南省人大原副主任、黄河水利委员会原主任、教授亢崇仁，发言题目是"南水北调中线水源区保护和生态建设"。

南水北调中线工程是国家实施的重大水资源配置项目，生态环境保护是南水北调工程中的首要任务，强化环境保护意识，采取有效措施，才能打造生态长廊，才能确保一池清水入库，一泓清水送京津。

淅川县 20 世纪五六十年代曾为丹江口水库建设大规模移民 20 万人，近期又为南水北调中线工程 2 年内实现 20 万移民的和谐搬迁，作出了巨大的牺牲和奉献。同时，为了保证一库清水送京津，淅川人民致力于生态环保行动。对他们的实践，亢崇仁主任进行了深入的调研和深入的思考，总结了一套"淅川模式"：

一是坚持每年集中时间大规模开展绿化造林。采取合同承包制，政府出资，农民受益，全县造林面积达 172 万亩，森林覆盖率由"十五"的 28%提高到 45.3%，有力地改善了生态环境。

二是持之以恒推动水土保持。投资 8 000 万元，对 22 条小流域进行综合治理，治理面积达 787 平方公里，植被覆盖率由 15%提高到 58%，年减少土壤流失 210 万吨。

三是全面开展水污染治理。制定政策，关停污染企业，投资 7 600 万元治理污水，有效改善了南水北调的水质。

四是积极调整经济结构，大力发展高效经济，如高效农业、科技环保产业、第三产业。

一个老区贫困县的做法，亢主任提出了三个思考，很有价值，得到了陈宗兴副主席的肯定：

（1）南水北调中线工程是一个宏大的生态系统工程，应作为重大课题，组织人员研究。

（2）经济发展中，生态与经济的协调发展是一个重大课题，"淅川模式"有很好的示范意义。

（3）要建立和完善生态补偿机制，使生态保护投资者得到合理的回报，并对生态保护提供资金支持，才能保证有序的生态运行机制。

四位同志发言后，多位同志进行了讨论式发言。

研促会理事、中国工程物理研究院副院长宋宝增提出，为加大环保力度，建议设立"环保警察"。

南京林业大学校长曹福亮作了题为"当代中国可持续发展必由之路"的发言，研促会副会长、全国人大常委会原副秘书长于友民作了题为"扩大内需与生态文明"的发言。

三、生态经济与绿色转型

总结典型经验　切实推动生态经济发展与
绿色转型*

环境保护部总工程师、研促会常务理事　万本太

尊敬的各位领导，各位嘉宾、女士们、先生们：

大家上午好！受第一分会委托，我向大会汇报第一分会有关情况。

第一分会的主题是"生态经济与绿色转型"。围绕这个主题，分会邀请的几位发言人就经济发展方式的绿色转变，地区经济结构调整与绿色发展，工业园区的绿色转型，行业生产方式绿色转变四个议题，从理论到实践阐述了各自的学术观点、介绍了成功经验、提出了宝贵建议。具体情况报告如下：

中国工程院沈国舫院士在总结国合会历年来环境与发展主要研究成果的基础上，分析了我国经济发展方式绿色转型面临的机遇和挑战，并从宏观和微观两个层面提出了12条切实可行的对策建议。

淮安市委书记刘永忠、河北省环保厅厅长姬振海、杭州市副市长张建庭、南京市副市长华静、沈阳市副秘书长陈荣礼等[①]结合各地实际情况，介绍了所在地区推动"经济结构调整与绿色发展"方面开展的工作，以及取得的成功经验。

环保部科技司赵英民司长介绍了我国"工业园区绿色转型"的有关情况以及对我国生态文明建设产生的积极作用。

段宁院士以"锰三角"为案例，概述了我国清洁生产，特别是管理型

---

*本文为研促会第一届年会第一分会场总结发言，标题为编者代拟。
① 刘永忠、姬振海、张建庭、华静、陈荣礼及冯腾的报告均收入本书"生态文明建设典型经验"部分。

清洁生产的发展现状，并以"锰三角"为案例，阐述了在绿色转型中推动技术型清洁生产的重要性。

兖矿集团有限公司节能环保处冯腾处长介绍了煤炭行业生产方式绿色转变有关情况，并提出了企业自身推进生态文明建设的工作新思路。

分会还邀请了江苏省环保厅、浙江省环保厅，上海市青浦区、江苏省苏州市、无锡市、常州市、南通市、镇江市、扬州市、浙江省湖州市、安徽省池州市、新疆维吾尔自治区克拉玛依市、四川省成都市环保局、四川省双流县环保局等部门领导和地方领导，以及中国环境规划研究院的专家。他们作为特邀嘉宾，积极参与了分会讨论，分会总规模约100人。

下面，我将第一分会发言的主要内容、结论和建议汇总如下：

第一，分会认为我国现阶段加快生态经济建设是落实科学发展观的内在要求，也是实现经济可持续发展的必然选择。

改革开放以来，我国经济社会发展取得了举世瞩目的成就，综合国力和人民生活水平大幅度提升，但为此也付出了沉重的资源消耗和环境污染的代价，损害了人民群众的健康，并出现了发展不平衡、不协调、不可持续等问题。

而经济发展方式的绿色转型，就是优先关注人类的健康福祉和社会公平，充分认识生态系统的服务功能和价值，减少人类活动对环境的损害，并通过不断创新和高效管理相结合而获取新的经济增长点，从而实现又好又快地科学发展。

在当前环境、能源、粮食、金融、气候变化等多重危机日趋严峻的情况下，加快经济结构的绿色转型已经成为人类社会走出重重困境的不二选择。因此，必须加快生态经济建设，通过发展模式的转变，实现经济社会与自然生态环境系统的协调，才是解决人类可持续发展问题的必由之路。

第二，政、企、学各界就如何推动发展方式的绿色转型进行了有益的探索，值得推广和借鉴。

例如，江苏省淮安市的经济发展尚处于追赶型发展阶段，但他们已经认识到不能再走"先污染，后治理"的老路了，坚持"环境是发展的战略资源、生态是最宝贵的财富"的发展理念，明确了"三看"（看天空蓝不蓝、看流水清不清、看老百姓的口袋鼓不鼓）的目标要求，提出了"三靠"（靠扩大开放、靠科技创新、靠人才支撑）的实践策略，以生态示范创建等为抓手，建立健全"督查考核、生态补偿、环保投入、公众参与"四项机制，重点突出、措施有力，走出了一条具有淮安特色的生态经济发展之路，实现了经济建设和生态建设互动并进、协同发展。

河北省产业结构偏重，钢铁、化工行业在全省经济行业中占有很大比例。河北省委、省政府通过强化政策倒逼机制，推进钢铁等重点行业绿色发展；通过强化环境影响评价等源头管控措施，引导发展方式优化转型；通过强化绿色信贷、绿色保险、生态补偿、排污权交易等环境经济手段，发挥市场绿色推动效力；在重点行业、区域、城镇和农村各个层面上，强化绿色示范创建，激发连片催化带动作用。

江苏省南京市作为一座向现代化迈进的特大型城市，肩负着加快工业转型和加强生态保护的双重任务。为此，市委、市政府提出建设"国际性现代化人文绿都"的总体目标，在经济与社会发展中坚持生态为基、环保优先的战略方针，实行"国内最严格的环境保护制度，国际最先进的环境准入标准"，以更高要求，全面加大环境治理力度，推行环境友好的城市发展模式；以最严标准，推进产业转型发展，推行绿色低碳的产业发展模式；以更高定位，打造绿色生态宜居城市，推行自然、经济、社会和谐的发展模式，努力走一条"创新驱动、内生增长，绿色发展"的道路，促进经济发展与环境保护的互动并进，实现城市建设与生态建设的互促双赢。

杭州市以科学发展观统揽经济社会发展全局，大力实施生态立市战略，发展生态经济，推进产业转型升级，取得了显著成效：经济结构不断优化，三次产业实现了"三二一"的历史性跨越；经济增长进入资本、技术、智力融合驱动阶段，成为全国科技创新力最佳城市；产业层次链接生态化、产业空间布局集聚化的态势已经形成；节能减排力度不断加大，近年来，以能源消费年均 7.3% 左右的增速支撑了国民经济年均 12.4% 的增速。

辽宁省沈阳市过去是老工业基地，积重难返，造成经济徘徊不前、环境污染严重等诸多问题，成为以牺牲环境换取短期经济利益的负面典型。在深刻反思过去失败经历的同时，沈阳市清醒地认识到，要实现沈阳的可持续发展，全面振兴老工业基地，就必须树立生态经济和"两型"社会的价值观，统筹兼顾"自然、经济、社会"这一复合系统协调发展。通过同步推进环境保护与经济发展，实行"东搬西建"战略，调整城市空间布局；优化经济结构，推行清洁生产，促进企业升级改造，并实行园区化管理等措施，初步实现了沈阳老工业基地的振兴。随之，带动了经济又好又快的跨越发展，城乡环境质量的显著改善，老百姓生活品质的根本变化。这是工业污染型城市走新型工业化道路，经济实现绿色转型，同时促进节能减排和环境改善的成功实践，值得借鉴。

工业园区在推动生态经济建设方面也进行了有益的探索。目前，我国生态工业示范园区已经成为现代高新技术的聚集区和节能环保的示范区，在改造提升制造业、培育发展战略性新兴产业中，发挥至关重要的作用。大力发展生态工业园，是加快转变经济发展方式的重要途径之一，符合积极探索环保新道路的内在要求，是建设生态文明的重要模式之一。

清洁生产是促进绿色经济环境发展的有效措施。然而，目前我国注重单纯管理型的清洁生产，难以满足绿色经济发展的需要。"锰三角"区域开展的清洁生产技术应用研究结果表明，建立环境保护与工业过程的联系，通过工艺技术装备改进，促进产业技术升级，产生了显著的环境、资源和经济效益，具有广阔的推广前景。

一些企业也在积极探索生态经济建设试点工作。兖矿集团是以煤炭、煤化工、煤电铝及成套机电装备制造为主导产业的国有特大型企业。该企业牢固树立"清洁发展、节约发展、可持续发展"理念，调整优化产业结构，大力推进安全绿色开采，延长煤炭转化和深加工产业链，积极探索传统资源型企业实现绿色转型、科学发展的路子。过去五年，兖矿投资 15.85 亿元，取得显著成效：矸石综合利用率达到 100%，矿井水重复利用率达到 95% 以上，矿区生活污水再生利用率达到 70% 以上，每年节约用煤 16 万吨，多年来累计有效治理和节约土地资源 7 200 公顷。"十二五"期间，兖矿集团提出了以 "生态文明矿井"、"生态化工园区"、"绿色装备制造基地"、"生态文明生活小区"为建设重点，积极探索煤炭行业生态文明建设的新模式。

从以上实践案例可以看出，以政府为主导调整经济结构，以行业为主体推进生产方式转变，以科研机构为支撑驱动产业技术升级，已经成为生态经济建设的主导趋势。

第三，"十二五"是中国绿色转型的一个关键时期和攻坚阶段，若绿色转型能取得实质性进展，将会为中国的可持续发展奠定坚实的基础。

为此目的，第一分会提出了以下建议：

（一）切实转变政府职能，强化政府在绿色转型中的公共管理和社会服务作用，并将树立生态文明理念纳入社会文化体系建设之中

（1）运用税收、金融、绿色采购和转移支付等政策手段，引导和推动产业结构"绿化"与升级；

（2）构建绿色贸易体系、绿色投资体系以及绿色供应链，引导发展方式的绿色转型；

（3）加强突发性事件和应急预警体系建设、生产与生活安全体系建设、社会诚信体系建设；

（4）建立科学的、有利于发展方式绿色转型的政绩考核评价体系，例如构建绿色国民经济核算体系等。

（二）充分发挥环境保护在推动经济发展方式转变、优化经济增长中的作用

（1）以资源环境承载力为基础，提高环境准入门槛和环境标准；

（2）建立健全科学的环境影响评价体系，利用污染减排和总量控制的倒逼功能，加快淘汰落后产能，推进产业技术升级。

（三）强化高新科技创新在绿色转型中的驱动作用

（1）实施"绿色科技创新"战略；

（2）推动跨学科和跨产业的绿色技术研发，强化前沿基础研究和大规模技术商业化之间的联系；

（3）扩大国家"绿色创新"体系开放程度。

（四）以生态示范创建为抓手，引领经济发展方式的绿色转型

（1）深化生态省（市、县）、生态工业园区、生态乡镇（即原环境优美乡镇）、生态村创建工作，扩大创建规模，完善管理机制，推进区域协调联动，强化辐射示范作用；

（2）开展行业生态文明建设试点，制定行业生态文明建设的阶段目标和考核评价体系，积极探索地区和行业建设生态文明的新模式。

最后，分会对于《生态文明 苏州宣言》（征求意见稿）给予充分的肯定，认为其从结构到内容都很好，也对个别词句提出了修改意见。

总的来说，第一分会召开得非常成功，主旨发言、嘉宾发言都很精彩，既有理论探讨，又有案例分析，内涵丰富；讨论过程也非常热烈，提出了很多宝贵的意见和可行的建议，达到了分会预期的目标。

经济发展方式的绿色转型

中国工程院主席团成员、院士　沈国舫

　　第一分会的主题是"生态文明与绿色转型"，而前不久刚结束的中国环境与发展国际合作委员会（国合会）2011 年年会主题是"经济发展方式的绿色转型"，二者具有共通之处。作为国合会首席顾问专家，我想根据我所参与的国合会相关研究与政策建议，就本分会的主题谈一些认识和理解。

　　当前国际社会正在进行着大量的有关绿色增长、绿色经济、绿色发展、低碳经济、循环经济、清洁技术等方面的讨论和实践，绿色转型已经成为金融危机后的时代共识和潮流，这与我国已确定的"十二五"时期以科学发展为主题，以转变发展方式为主线，不断提高生态文明水平的发展方略是一致的。应该认识到，绿色转型就是发展，是为了更强劲的、平衡的和长久的发展。这种以改革和创新为动力的、开放式的发展绿色转型最终是要实现经济社会与资源环境的协调互动，实现社会的包容与和谐，提升中国的整体形象以及区域和全球的竞争力。

　　自"九五"以来，中国不断深化对转变发展方式的认识和实践，从这个过程看，绿色转型是发展方式转变的重要目标和方向，也是发展方式转变的基本内容和要求。在我国"十二五"规划纲要中，转变发展方式是中心内容，而以绿色经济为核心的绿色转型是其中的要义。绿色转型的核心思想就是环境转型和经济转型环环相扣、互为影响。

　　但是要清楚地看到，中国的绿色转型面临更为复杂的局势和空前的挑战。特别是近几年，中国一方面分享着高速增长带来的成果，但也遭受着唯速度增长带来的损失和阵痛，特别是发生的一系列涉及不同领域的重大生产与生活安全问题，严重损害了人民健康和生态环境，威胁了社会秩序，影响了民众对国家治理与社会发展成果的期望。这些现象充分暴露了造成不平衡、不协调、不可持续发展的一些深层次原因，其中，社会道德和文化价值观在某种程度上的缺失就是一个全局性和根本性的问题。这表明，发展方式的绿色转型不仅仅是政策、制度和技术问题，也是社会文化价值观问题。

前不久结束的十七届六中全会以及不久前发布的《国务院关于加强环境保护重点工作的意见》，提出了"以改革创新为动力，积极探索代价小、效益好、排放低、可持续的环境保护新道路"，再一次表明了中国彻底转变发展方式，走新的绿色发展道路的决心与行动，体现了加强环境保护的国家意志。在发展方式绿色转型中，在文化建设领域需要不断弘扬环境文化和生态文明，重建社会的环境伦理道德。在改革创新环境保护体制机制、探索环境保护新道路中，环境保护不仅要担负起改善民生和优化经济的使命，还要担负起重建社会道德和环境伦理的历史重大使命。

"十一五"和将环境目标纳入2008年金融危机的经济刺激计划所取得的相关经验将为中国未来的绿色转型奠定良好的基础。我国的国家意志和现实需求决定了必须加紧绘制出一个综合路线图，明确绿色经济发展战略、具体模式、配套政策等，确保经济发展转型的效率和有效性。第十二个五年规划时期是中国绿色转型的一个关键时期和攻坚阶段，若以绿色转型为特征的发展方式转变取得实质性突破，就会为中国的可持续发展形成坚实的基础，否则，绿色转型的进程可能会出现波折，甚至发生逆转。

在此，我就"十二五"期间国家如何推动以绿色转型为特征的发展方式转变在宏观和微观两个层面提出几点建议。

一、宏观层面，要坚定推动发展方式绿色转型的国家意志，形成有利于转型的社会价值、政府职能等支撑体系

全面推动发展方式绿色转型是一项宏大的系统工程。从发达国家的历

史轨迹和经验以及中国的实际状况看，中国实现发展方式的绿色转型将是一个长期、复杂和艰巨的过程。除了经济领域外，中国需要从根源性问题入手，系统思考和调整传统发展方式赖以形成的社会基础和制度因素，例如，社会文化道德与环境伦理、政府在经济与社会发展中的职责与作用、行政管理体制与机制等。为此，建议：

一是要建立长期推动发展方式绿色转型的坚定的国家意志。

当前，在国际经济状况复杂多变、金融震荡、债务危机、增长下滑的严峻形势下，中国政府要防止出现为应对暂时经济困难而放松环境政策、降低环境目标和标准的现象。在这方面，要特别加强对地方政府的指导和监督，避免地方政府为了单纯保经济的强劲增长而忽视和懈怠推动发展的绿色转型。而且，这种情况在推动绿色转型的进程中可能会反复出现，对此要有清醒的认识，建立持之以恒的国家决心和意志。

二是将树立生态文明观念纳入社会文化体系建设，塑造健康安全的社会道德和环境伦理价值观。

大力倡导生态文明，弘扬环境文化，尊重自然与社会发展客观规律，传承和发扬中国优秀的传统文化，构建有利于发展方式绿色转型的社会道德、责任、诚信与环境伦理体系，为中国发展方式绿色转型提供强大的思想和精神支撑。

三是切实转变政府职能，强化政府在发展绿色经济中的公共管理和社会服务作用。

与市场经济体系的发展进程相比，中国的政府职能朝着满足市场经济体系要求的转变之后，全球金融危机的发生在某些方面又为加剧政府对微观经济的干预提供了新的机会。中国的经济发展需要从金融危机后依靠政策刺激尽快向自主增长转变，需要准确界定政府责任的边界。首先，政府不能越位，明确政府与企业的角色，充分发挥市场配置资源的基础性作用，政府要指导、监督和引导企业在市场经济和绿色转型中发挥主体性作用，避免行政资源占领市场资源，避免设置不利于绿色经济发展的市场准入门槛，避免代替企业引资上项目，避免频繁利用行政手段影响市场价格和市场秩序；其次，政府不能缺位，政府必须在环境保护、资源节约、安全生产、公平竞争等方面承担足够的监管责任；第三，政府不能错位，政府应该改变对行政手段的长期依赖，通过制定和实施经济政策，改变"资源低价、环境廉价"的不合理现象，让浪费资源、污染环境的企业丧失市场竞争力，引导投资绿色经济的企业获得更好的发展机遇。此外，政府要提高处理公共事务和决策程序的透明度，加强突发性事件和应急预警体系建设、生产与生活安全体系建设、社会诚信体系建设，构建防灾避灾型社会，确保安全健康的社会转型。

四是建立有利于发展方式绿色转型的领导干部政绩考核体系。

除了不断提高政府决策者对发展方式绿色转型的认识和理解之外，还需要建立科学的、兼具约束和激励作用的推动发展方式绿色转型的领导干部政绩考核评价机制和指标体系。从中央和地方各个层面改革领导干部考核评价机制，改变单纯以经济总量和速度指标为中心的考核方法，既注重考核发展速度，又注重考核发展方式、发展质量；既注重考核经济建设情况，又注重考核经济社会协调发展程度。切实从对 GDP 的简单考核，转变为对优化经济增长、保护生态环境和提高资源利用效率、促进就业等综合指标的考核。要建立有利于绿色转型的领导干部政绩考核体系，构建绿色国民经济核算体系是一项根本性改革措施。中国在这方面曾开展了大量研究，中央政府应组织继续推动相关研究，加快示范和应用进程。

五是强化企业在实现发展方式绿色转型中的责任。

明确企业在绿色转型中的主体地位和重要作用，自主、主动地践行转型。通过建立企业环境信息披露机制、环境绩效审计机制以及奖惩机制等，推动企业不断提高环境社会责任意识，提高环境污染治理的透明度，在微观企业层面落实绿色转型的各项政策和要求。鼓励企业积极参与国际合作，在全面参与国际化进程中履行企业社会责任，提升绿色形象和可持续的竞争力。

二、微观层面，要构建中国绿色经济发展体系，全面推动经济发展方式的绿色转型

绿色经济是国际社会在应对金融危机过程中，旨在解决经济、社会和环境等方面的多重挑战而提出的综合性对策，其实质是以环境保护与资源的可持续利用为核心的经济发展模式。联合国环境规划署等机构定义的绿色经济是指在改善人类福祉和社会公平的同时极大地减少环境风险和资源稀缺性的经济活动，具备"低碳、资源节约和社会包容性"的特点。因此，绿色经济不是可持续发展的代名词，而是为它提供支持。绿色经济这一发展模式优先关注人类的健康与福祉，减少人类活动对环境的损害，充分认识生态系统的承载力、服务功能和价值，并通过不断创新和高效管理相结合而获取新的经济增长点。

从中国的探索实践看，绿色经济的实质是要在发展经济与保护环境之间建立一种良性互动关系，使之相互平衡、相互协调、相互促进。在实践中，绿色经济是包含低碳经济、循环经济等模式在内的，集资源高效利用、低污染排放、低碳排放以及社会公平发展等核心理念于一体的经济活动，是最具活力和发展前景的包容性经济发展方式。因此，发展绿色经济是实现绿色转型的核心动力和重要途径。根据成本效益的初步分析结果，无论从短期还是长期看，工业绿色转型的效益大于成本，能够实现长远广泛的经济、社会、环境综合效益。

一是构建中国绿色经济发展的战略目标与框架。

发展绿色经济就是要破解资源环境对经济社会发展的硬约束，抓住新的发展机遇实现经济社会与资源环境相协调的跨越式发展，共享发展成果，增进人民福祉。中国要力争用 10～15 年的时间，初步形成包括绿色生产、绿色消费、绿色贸易和投资等为主要内容的绿色经济体系。绿色经济发展的总体框架体现"绿色"主题，突出"转变"和"创新"两大战略，实施六大任务。"转变"战略强调经济结构优化调整和政府管理职能转变；

"创新"战略强调体制机制创新和科技创新；六大任务包括培育战略性新兴产业、工业、农业和服务业的低碳与生态化改造、绿色消费模式建立、区域均衡发展。

二是实施"差异化"的区域均衡绿色发展战略。

中国经济发展阶段与方式多样，区域发展不平衡，这就意味着中国的绿色转型既没有一条普遍适用的捷径，也不能用"一刀切"的标准来衡量。要基于对绿色经济内涵的认识和对各地优劣势的把握，推动国家政策和地方政策的相互协调以及政策法规与市场机制的紧密结合，充分发挥各地绿色经济的发展特色和潜力。

三是以培育战略性新兴产业为引领，以构建三大绿色产业为重点任务，全面促进绿色经济发展。

通过战略性新兴产业与传统三大产业绿色转型升级的同步发展，促进中国的产业结构从依赖资本密集型和重工业发展的整体结构加速向劳动力更加密集型和知识/技能导向型的结构转变。

四是构建绿色经济发展的法律法规与政策保障体系。

循环经济和节能法律法规的出台为中国搭建绿色经济法制框架和政策保障体系提供了基础。然而，需要有效强化绿色经济发展的法律框架，推进相关市场激励机制。此外，加强执法、政策优化则是保障体系成功的关键因素。鉴于在环境税、价格改革和市场化环境管理与调控等方面的法律框架仍较为薄弱，特别是在传统工业和矿区的土壤污染领域制定相应的污染防治、能源和气候变化、资源定价、生态补偿和环境恢复等一揽子绿色方案至关重要。

五是大力推动绿色创新。

推动以基础研究、技术研发和人力资源发展体系现代化为基础的"绿色创新"战略。推动跨学科和跨产业的绿色技术研发和创新，强化前沿基础研究和大规模技术商业化之间的联系。通过调整环境政策工具，如制定标准、推行政府绿色采购以及创新激励等，强化制度引导创新机制。扩大国家"绿色创新"体系开放程度，建立国际化的绿色技能创新和投资平台，建立稳固的公共—私人伙伴关系，为中小企业提供技术转让、市场与技术发展等方面的支持。

六是积极开展绿色经济的国际合作。

在可持续发展和消除贫困的背景下发展绿色经济是 2012 年"里约＋20"峰会的两大议题之一，推动中国绿色经济发展的国际合作将有利于中国参与完善经济全球化机制，借鉴国际社会发展绿色经济的先进理念和经验，推动绿色经济的相关知识、信息共享和技术交流与转让，加强能力建设。但在开展绿色经济国际合作时，也要注意到不同国家的发展阶段和发展水平，避免绿色经济成为新的"绿色贸易壁垒"，制定并实施鼓励绿色经济发展的贸易政策。建立更牢固的伙伴关系，推动与发达国家及发展中国家的合作。促进工商业、企业参与绿色经济领域合作，搭建合作平台，促进绿色技术的转让与应用。

以国家生态工业示范园区建设为抓手
积极推进生态文明建设

环保部科技标准司司长　赵英民

尊敬的孙文盛主任、万本太总工、各位嘉宾、女士们、先生们：

大家上午好！

很高兴也很荣幸参加中国生态文明研究与促进会第一届年会。本届年会的主题是"生态文明与绿色转型"，这对于大力推进生态文明建设、改善人类居住环境具有重要意义。今天，我想重点就加强国家生态工业示范园区建设，积极推进生态文明建设的问题，与在座的各位领导、专家和朋友们进行交流。

一、充分认识国家生态工业示范园区建设的重要意义

人类社会迈入 21 世纪以来，经济全球化深入发展，全球性环境问题进一步显现。人们深刻认识到，环境问题的本质是发展道路、经济结构、生产方式和消费模式问题。特别是在当前能源、粮食、气候变化等多重危机日趋严峻的情况下，各国纷纷将推动绿色经济、推动可持续发展作为突破口，寻求化解经济发展不平衡深层次矛盾的根本手段。当前，影响我国可持续发展最突出最强烈的约束就是资源与环境的约束，特别是在工业生产领域，这种约束更为突出。我国已经成为世界上铁矿石、氧化铝、钢铁、铜、水泥等资源类产品消耗量最大的国家，重要矿产资源和能源的对外依存度持续上升。2010 年，我国共排放废水 617.3 亿吨、化学需氧量 1 238.1 万吨、二氧化硫 2 185.1 万吨，均居世界首位，主要污染物排放总量超过了自然环境的承载能力。这就要求我们在发展中促转变、在转变中谋发展，

下大力气调整经济结构，转变经济增长方式，从根本上破解资源环境硬约束，实现生态文明和科学发展的目标。国家生态工业示范园区建设正是落实这一目标的重要实践，是中国工业经济缓解或者突破资源环境瓶颈的关键，对于全国推动传统工业生态化转型、探索新型工业化道路、落实生态文明建设的任务，有着举足轻重的引领和先导作用。

一是国家生态工业示范园区建设是落实生态文明的重要举措。我国经过改革开放 30 多年来的发展，工业园区已经证明是发展现代化、工业化非常好的模式之一，在土地集约利用、集中的环境监管、产业的集聚，乃至城市功能分区等方面都起到了良好的作用。走新型工业化道路，工业企业必须进园区发展。目前，我国国家级的经济技术开发区和高新技术产业开发区在 GDP 产值和利税、技术生产先进水平和内部运行机制等方面都已经成为我国工业生产的主力军和领先者。"十一五"期间，国家级开发区地区生产总值占所在城市的比重超过 13%。地区生产总值、工业增加值、出口总额和税收收入分别占全国的 7%、12%、16% 和 6%。2010 年，国家级开发区共实现地区生产总值 26 849 亿元人民币，同比增长 25.7%，占全国的比重为 6.7%。税收 4 650 亿元，同比增长 29.4%，占全国的比重为 6%，分别高于全国同期增幅 15.4 和 6.8 个百分点，工业总产值 77 542 亿元，同比增长 25.8%，占全国的比重为 11%。国家级开发区综合实力不断增强，产业结构日趋优化，对所在城市经济增长的贡献日益突出，成为当地经济最主要的增长点。这两类园区聚集了大部分先进制造、研发能力，凝聚了大量优秀人才，探索出一套高级、务实、与国际接轨的管理体系，可以说国家级经济技术开发区和高新技术产业开发区是中国先进生产力的聚集地。国家生态工业示范园区的创建工作既是园区操作层面发展理念、发展阶段、发展水平的探索和示范，更是对整个国家经济结构调整、化解或破解资源环境约束和瓶颈作用进行的探索与示范。因此，在国家级经济技术开发区和高新技术产业开发区两类园区中开展国家生态工业示范园区建设工作，是落实科学发展观的客观要求，是生态文明建设在工业生产领域或者说发展工业经济领域的具体实践，它抓住了中国工业经济缓解、突破资源环境瓶颈的关键，对于全国推动传统工业生态化转型、探索新型工业化道路、落实生态文明建设的任务，有着举足轻重的引领和先导作用。

二是国家生态工业示范园区建设是资源节约型、环境友好型社会建设的重要抓手。总书记在学习十七大精神的省部级研讨班上讲道："建设生态文明，实质上就是要建设以资源环境承载力为基础、以自然规律为准则、以可持续发展为目标的资源节约型、环境友好型的社会"。从理念上来说，不管是循环经济、低碳经济还是绿色经济，都应该归于资源节约、环境友好的要求如何实现。可以说，国家生态工业示范园区是最有可能实现这一要求的平台。国家级的经济技术开发区和高新技术产业开发区，是中国先进生产力最集中的地方，是工业组织最有效率的地方，是中国资源能源利用率最高的地方，是优秀人才最聚集的地方，也是管理体制机制最灵活高效的地方。如果在这个平台上，循环经济、低碳经济、绿色经济都实现不了，就枉谈这些概念。因此，必须坚持生态工业园的资源节约、环境友好的目标，着力打造好这个转变经济增长方式、调整产业结构的抓手和平台。

三是国家生态工业示范园区建设是实现绿色发展的重要抓手。环境和自然资源的束缚使得我国经济很难遵循"传统"的发展路径。据国务院发展研究中心统计，我国工业部门的能源消耗约占总消耗量的66%，导致大量的温室气体排放。重工业部门虽为经济增长作出了较大贡献，但与发达国家相比，相应的能源效率要低10%～40%；第三产业在国民经济中拥有较低的能源消耗，但能源效率也要比全球平均水平低30%。国家级开发区坚持走可持续发展之路，加快从粗放型增长模式向集约型发展模式转变，大力发展节能环保项目，引导传统制造业企业运用清洁生产的新技术和新工艺进行生态化改造，提高资源综合开发和回收利用水平，发展低碳经济和新能源产业，建设生态工业园区。2010年，国家级开发区单位地区万元生产总值能耗约为0.48吨标准煤，仅为中国平均水平的一半左右，单位产值二氧化硫排放量及单位产值化学需氧量远低于全国平均水平。由此可见，建设国家生态工业示范园区就是要探索新的发展模式，通过市场实践与政策引导，构建资源节约型和环境友好型的新型园区，在产业结构调整和优化工业结构方面发挥积极作用。

二、国家生态工业示范园区建设成效显著

自 2007 年原国家环保总局、商务部、科技部三部门联合推动国家生态工业示范园区建设工作以来，此项工作取得了积极进展。国家生态工业示范园区已覆盖我国东、中、西部的 21 个省份，涵盖综合类、行业类和静脉产业类 3 类园区，数量从"十一五"初期的 10 个发展到目前的 60 个，通过验收并被正式命名的园区数量已发展到如今的 15 个。在国家层面，已初步形成国家生态工业示范园区的管理程序、标准和制度，在推动低碳发展方面进行了积极探索；一些省市还积极开展了地方层面推动相关工作的探索，如江苏、上海、山东等地相继出台了关于推进省级生态工业示范园区建设的指导意见和管理办法。通过国家生态工业示范园区的创建，各园区在提升园区经济发展质量、促进节能减排、提高科技创新水平、强化公众生态环保意识等方面取得了显著成效：

一是全面促进了产业结构调整，提高了园区经济发展质量。大力发展循环经济和低碳产业，成为工业园区解决结构问题、促进经济社会又好又快发展的重要途径。通过国家生态工业示范园区的建设，一是初步构建了制糖、电解铝、盐化工、磷煤化工、海洋化工、钢铁和石油化工等近 10 个行业的生态产业共生链以及废物资源循环利用链。贵阳开阳磷煤化工基地形成了磷、煤、能源和氯碱共生耦合的四大核心产业，烟台经济开发区建成了资源再生加工示范区。二是推动了战略性新兴产业的发展。苏州工业园区以纳米技术为引领，大力发展生物医药、生态环保战略性新兴产业。三是积极开展了低碳产业发展和构建。天津开发区创建了中日（国际）合作低碳经济示范区，北京经济开发区、昆山经济开发区等大力发展低碳产

业，全力打造绿色产业链。

二是切实支持了区域节能减排，实现了环境保护优化经济增长。根据对已通过验收的 10 多家国家生态工业示范园区的建设绩效分析，验收年与基准年相比，在园区平均工业增加值增长 53%的同时，COD 和 SO_2 排放量分别下降 21%和 39%，降幅远高于国家"十一五"期间 COD、SO_2 减排 12.49%和 14.29%的总体水平。上述成就，一方面得益于各园区在能源集中供应、废物集中处理处置、中水回用等基础设施建设方面开展的大量工作，如天津滨海高新区实施了垃圾再生系统工程和水资源再生利用工程。另一方面，得益于各园区大力推动有利于环境保护的管理机制和政策，加强环境风险防控和环境监管，如南京经济开发区、日照经济开发区、张家港保税区等园区实行绿色招商，对不符合环保要求和园区发展的项目一票否决；广州经济开发区、扬州经济开发区等建立了一系列节能减排监管机制和鼓励政策，明确目标责任，严格监督考核；苏州工业园区等建立了环境自动在线监控系统，实现了环境监察工作的数字化管理、程序化运行、信息化集成。

三是加强科技创新，提升园区科技水平。建设国家生态工业示范园区，客观上要求鼓励产业技术和管理技术创新，大力发展高端技术和高端产品。通过国家生态工业示范园区的建设，园区在高端技术开发和技术集成、科技创新基地建设、科技人才引进等方面进行了积极探索。无锡新区大力发展高端化、高附加值产业，传感网研发应用、光伏太阳能电池组件制造技术等在国内外都已具有较高水平；苏州高新区建成了国内首家国家级节能环保专业孵化器，建立了膜科技创新园；潍坊滨海经济开发区建立了"一水五用"综合利用模式，实现了制碱废液、提溴废水、制盐废水、酸性废水的循环利用。目前，超过半数的国家生态工业示范园区都拥有国家级创新基地；国家生态工业示范园区共建设信息服务平台近百个；有数十人入选国家和省"千人计划"。

四是提高公众环境意识，营造促进生态文明建设的社会氛围。经过多年实践探索，我国的国家生态工业示范园区建设形成了"政府主导、园区推动、企业实践、公众参与"的良性互动格局。通过节约型政府、生态企业、绿色学校创建，形成全社会共同参与的全方面、多层次的生态文化建设格局。金桥出口加工区成立了主要企业参加的园区生态俱乐部，促进生态工业建设中的政企互动，精心打造碧云低碳社区、平和绿色学校等生态品牌，开展"碳排放量"计算宣传推广、个人碳足迹记录等公众参与活动；上海市莘庄工业区依托商会促进园区企业自发成立了低碳联盟；青岛新天地建设了宣传教育展示场地和 1 700 平方米的室内展厅，定时向公众开放，组织开展各类环保宣传教育活动，几年来，共接待来访参观 27 000 余人次，科普教育受益人群达到 87 000 多人次，营造了良好的氛围，取得了显著成效。

在取得突出成绩的同时，我们也清醒地看到，当前国家生态工业示范园区的建设工作还存在一些问题：部分地区对工业园区生态化发展的重要意义认识不够，政策支持力度亟待加强，科技支撑作用不够突出，园区建设管理体制机制尚待完善，辐射及示范作用尚需进一步体现等，这些都需要在今后的工作中加以解决。

三、顺应形势，努力开创国家生态工业示范园区建设新局面

在近日出台的《国务院关于加强环境保护重点工作的意见》中再次强调，要"推进生态文明建设试点，进一步开展生态示范创建活动"。这说明生态工业园区建设作为生态文明建设的一项重要内容正式成为国家战略的一部分，因此，要将生态工业园区建设作为提高生态文明建设水平、加快促进经济发展方式转变的重要实践与示范。当前，我国工业园区发展和环境保护工作面临着新的严峻形势，挑战与机遇并存，为了全面推进国家生态工业示范园区建设，促进区域经济社会可持续发展，下一阶段，我们要重点加强以下工作：

第一，进一步统一思想，提高认识。要认识到国家生态工业示范园区

建设，是适应经济发展方式绿色转型、突破资源环境瓶颈、提升核心竞争力的重要举措，是探索中国环保新道路、实现污染全防全控、提升区域环境质量的具体要求，也是各园区落实节能减排工作的重要途径。各级政府、有关部门和工业园区要找准定位，明确工作目标和任务，坚定不移地落实资源节约、环境友好的要求，大力推动国家生态工业示范园区的建设，打造好这个转变经济增长方式、调整产业结构的抓手和平台。

第二，加强宏观指导，创新管理模式。一是进一步加大政策扶持力度，研究制定鼓励国家生态工业示范园区建设的环保、商贸、科技等各方面政策。实行差别化环境政策，促进园区长效发展，制定有利于生态工业园区发展、具有针对性的总量控制政策。二是不断完善管理机制，建立国家生态工业示范园区建设绩效考评制度和退出机制，确保国家生态工业示范园区的先进性和示范性。三是创新环境管理模式，推动园区环境管理模式由政府"达标管理"为主向规划设计和建设运营的"过程管理"转变，将环境保护贯穿于生产、流通、分配、消费的各个环节，将政府绿色采购，绿色供应链等落实到日常管理中，将合同能源管理、合同环境服务等落实到实践中，使工业园区成为环保新道路的积极实践者。

第三，构建生态产业体系，促进园区绿色转型。要紧扣转方式、调结构主线，实施高端、高质、高效产业发展战略，加快构建节能增效、污染减排生态产业体系。进一步淘汰落后产能，抑制高耗能、高排放行业发展，大力发展循环经济，发展节能环保、低碳技术等新兴产业和高技术产业，加快发展绿色服务业。加强行业间物质、能量、信息的交换利用和基础设施的集成共享，培育多行业复合共生的产业集群，提升经济的综合竞争力。全面推进科技创新，开展重要区域、重点行业、重点领域的减量化、资源化、产业共生链接和系统集成等关键技术研究和示范，提高产业生态的技术支撑和创新能力。

第四，深入总结提炼成功经验，强化辐射示范。生态工业工业园区建设是先进生产力的代表，要开阔思路，在体制机制创新上下功夫，一些好的做法要在生态文明建设中"先行先试"，要大力总结建设工作中的先进经验和做法，大力宣传国家生态工业示范园区建设的意义和成效，积极借鉴国际先进经验，不断提炼总结国家生态工业示范园区的发展模式，充分发挥其对区域绿色发展的带动、辐射和示范作用。

同志们，在新形势下，我们还会以国家生态工业示范园区为抓手，落实十七大提出的生态文明建设、科学发展观，积极推动经济结构转型，特别是推动中国传统工业的生态化转型，探索新型工业化道路，实现经济的又好又快发展。

实现可持续生态文明的系统理念与技术

[德]Gunther Geller

介绍

总述

可持续文明，或者生态工程师所说的可持续生态系统的设计、实施和运行，是当前迫切需要研究的课题。

德国生态工程协会

这也正是德国生态工程协会的目标。该协会 1993 年在慕尼黑技术大学成立。

感谢

非常感谢中国生态文明研究与促进会、苏州市环保局、研促会年会的邀请，与嘉宾交流这一话题，即创建人类与自然生态系统和谐的话题。

德国环境和生态方法的发展

和其他国家一样，德国工业的发展曾导致自然生态系统的严重破坏。即使在第二次世界大战之后，德国的河流（如莱茵河）也不能游泳，西德莱茵-鲁尔区这样的工业区空气受到严重污染。

后来，德国制定了一系列环境保护法律和法规，环境状况得到了很大的改善。这也促使在 1970 年，成立了一个新的组织：巴伐利亚区域发展和环境事务部。这是德国第一个也是世界第一个结合区域规划和环境保护的部门。经济的快速发展给予了水和空气污染治理措施良好的资金保障。

环境得以好转的一个象征是：1988 年 9 月，当时的环境部部长 Klaus Töpfer 游泳横穿莱茵河。而就在两年前，瑞士巴塞尔附近的一家化工厂事故导致莱茵河严重污染。

几十年后的今天，德国的空气和水环境得到了大大的改善。

尽管环境保护措施从某种意义上说非常的成功，但是耗资巨大，有些措施无法再得到资助。譬如，世界上大多数国家建设的传统污水管线和污水处理厂都是如此。另外，传统的污水处理方式只能对点源进行治理，无法处理农业非点源污染。然而，农业非点源是水体富营养化的主要污染来源。多瑙河流域研究表明，污染水体的氮磷营养物非点源占到了 80% 以上。

因此，德国开始从源头上控制污染的产生。一个例子是雨水处理方式的改变。20 年前，德国的雨水必须通过巨大的管线收集后排入污水厂处理。然而，污水厂难以处理短期的污水负荷，直接排放到受纳水体。而且，大管径管线的投资是巨大的。如今，德国采取了相反的方式：所有雨水都必须在当地进行处理，并且尽可能进行回用。

甚至国际大公司，如奥迪公司，也收集大量的雨水用于工业生产，从而节约饮用水资源。另外，他们也通过工艺的改进尽可能减少用水量。这实际上意味着，简单应用生态系统的规律就可以解决环境问题。

生态系统

生态系统

生态系统，譬如我们的地球是一个大的生态系统，包含了生物单元及其相互关系和其产生相互作用的地点。生物可以通过其作用分为生产者、消费者或者分解者。它们的相互关系涉及信息、能量或者物质等方面。

人类生态系统

人类生态系统包括人类创造的科技文化，就像科技消费者，如工厂就是一种科技消费者。

人类生态系统最重要的部分，也是大会探讨的，是信息领域内技术和文化的相互关系。这可以是一种流动，如信息交流、物质循环；也可以是一种结构，如管理部门的架构。我们所说的社会文化背景、政治活动、公众参与、市场、设计和规划、角色模型、哲学等，所有这些都是人类生态系统的不同形式。那这些对我们的意义在哪里呢？

生态工程

生态系统的设计和管理

我们已有很多关于生态系统中处理物质和能量的知识。

我们设计和规划可持续生态系统的关键点在于正确和系统地处理生态系统的信息，然而，设计师和规划师对于这一点的认识是不够的。

U 理论

为了便于理解，下面简单介绍一些 U 理论的内容。

U 理论对于人类信息交流的深度尤其有用。人类信息交流大部分只停留在表面的交流，有一些能深入到客观事实，另外一些能达到引人瞩目的深度，而很少能进入 U 理论的最深程度。但只有进入到最深的程度，才能获得真正的洞察力，甚至预判未来。

通过越来越深的交流，我们可以用制造原型的方式来实现目标，原型的方式被广泛用于制造业，如汽车，但在社会领域很少应用。

可持续生态系统的实现：总体法则

那如何实现可持续的生态系统（等同于生态文明）呢？

第一，必须采用整体的系统方法，我们必须同时考虑所有的因素和关系，以及包含自然、科技文化及其相互关系的生物圈。

第二，整体的系统方法将对待问题的过程分为三个优先级别：避免，回用，处理。

第三，要遵循自然生态规律，如多功能性、循环利用、低产出（排放、水土流失）、低能耗、新能源利用、多样性丰富、能够恢复、稳定性等。

第四，我们必须将生态系统视为发展的系统，也就是过程方面。典型的应用是质量管理的质量循环。

第五，我们必须结合灵活性强的结构方法。

第六，我们必须确认所有措施要与生态系统相协调，最大的就是地球生态系统。

生态工程

生态工程就是用可持续方式进行生态系统的设计、实施、运营和维护。这一新的领域开始于20世纪80年代，工作内容是受人类影响的生态系统。

下面一些案例进一步阐述这样的方法和应用。

案例

加纳河谷大学

第一个案例是非洲第一个生态校园的设计和实施：加纳河谷大学生态校园。河谷大学是加纳最大的私立大学，在首都阿克拉的市郊。校园面积是120公顷，包括一个农业区。

我们曾得到了两个项目的资助，得以将整体生态方案用于生态新校园的实践。第一个项目是德国联邦教育和研究部的研发项目；第二个项目是气候变化计划框架中的投资项目，受德国环境部资助。项目共持续了 10 年，包括生态循环、节能、低碳建筑、道路下面多功能雨水净化和存储系统、饮用水净化和装袋系统、树木的种植、古树和地方特有植被的保护。所有方面都采用了信息、质量和物质流整体的管理模式。项目中特别关注非洲文明背景下的深层次理解，包括大学各个部门及人员的参与、培训、教育等。

河谷大学生态校园是整体可持续解决方案已经成功得以实施的典型案例。

苏州西部生态城

苏州计划在新区（太湖边）建设真正的生态城。在国际招标过程中，找到了一种可持续的先进的解决方案，包括水和物质流、回用的概念，同时结合社会情况、交通状况和就业机会等。

莲花岛项目

第三个项目是农村生活污水治理项目，在苏州阳澄湖中的莲花岛。一共有四个子项目，是 2009—2010 年建成的，建成以来一直运行良好，出水稳定达到一级 A 标准。而且，运行费用低，吨水费用只有 0.1～0.2 元，是传统工艺的 1/5；此外，湿地的管理和维护简便，是老百姓管得好、用得起的项目；项目还具有多功能性，能改善当地生态环境，增加生物多样性；景观效果良好，是一座具有水处理功能的美丽花园。

常熟新材料产业园生态湿地处理中心工业尾水生态处理

第四个项目是工业尾水生态处理项目，在常熟的海虞镇。海虞镇在长江边，望虞河口，望虞河连接长江与太湖。

项目处在海虞镇的新材料产业园，它是一个氟化学工业园，园区有污水厂和工业水厂。以前，园区污水厂尾水直接排放长江，我们建设生态湿地处理中心后，4 000 吨/天的污水厂尾水将通过湿地中心处置达到 IV 类水标准，送入工业水厂，供给企业回用，实现水资源的循环利用，对于建设生态园区，保护长江和太湖都有着重要的意义。

展望

总体展望

所有这些案例，尤其是加纳项目，都引领和鼓励我们朝着整体性、系统性的方法去努力，这实际也是中国生态文明研究与促进会的目标。德国生态工程协会非常愿意为这一事业贡献自己的一份力量。

可持续生态文明的发展趋势

可持续生态文明只有尊重地球生态系统的承载能力，遵循自然规律才可能实现。可持续生态文明的趋势和解决问题的途径也需遵循这样的生态规律。举个例子：摇篮到摇篮的概念，从生物周期和技术角度看是不同的。这使得生物和技术两者无法融合，在当今社会很正常，这也是许多经济和生态问题的源头所在。生物循环将是完整的，没有有害物质的污染。技术材料的循环与生物循环隔离，并且是封闭的循环。技术材料的循环对于其他方面是十分重要的，因为物质材料（如稀有金属）资源是有限的，如果不进行循环利用，对于环境和健康有很多危害。产品和生产过程、资源的利用和循环过程从一开始就设计成对环境或人类健康无害的过程，反过来也会对生产和利用产生有利的作用。

Systematic Philosophy and Ecological Engineering for Realizing Sustainable Ecosystems and Civilization

Gunther Geller

Intro

General framework

There is an urgent need to deal with the question of a sustainable civilisation or, as we ecological engineers would say, of designing, implementing and operating sustainable ecosystems.

IÖV

This actually is the aim of the German Ecological Engineering Society IÖV, founded 1993 at the Technical University of Munich.

Thanks

Thanks go to the inviting persons and organisations of the new society and of Suzhou EPA for the possibility to exchange about this urgent topic of how to create human systems that fit to the planetary system.

Short history of The Development of Environment and Ecological Approaches in Germany

Like elsewhere the industrialization of Germany also led to a massive decrease in the quality and bearing capacity of the natural systems. Even after the second world war rivers like the Rhine were no place to swim and the air pollution of the most industrialized areas like the Rhein-Ruhr-area in the west of Germany was annoying.

A big change was made possible by establishing a lot of laws and regulations in the field of environmental protection，which also allowed the implementation of a new administration. The Bavarian State Ministry for Regional Development and Environmental Affairs，founded 1970，was the first in Germany and worldwide and also the first to combine environment and regional planning. The economic growth and prosperity enabled the financing of measures to reduce the pollution of waters and air.

That made the German Minister for Environment at those times，Klaus Töpfer，passing the Rhine by swimming in September 1988 as a symbolic gesture，only two years after a disastrous water pollution from the chemical factories in Basel，Switzerland.

Several decades further nowadays the situation is quite improved concerning air and water pollution in Germany.

This measures in the field of environmental protection，albeit successful to some respect，proved very costly and meanwhile many often can not be financed any longer or at all. This is the case for example for the establishment of conventional central sewage lines and treatment systems for most of the countries on the planet. Another reason lays in the fact that with this conventional approaches only the direct sources of water pollution are dealt with，whereas the diffuse pollution from the agriculture areas stays untreated. Unfortunately this very diffuse pollution often is the main source of eutrophication of water bodies，like the case of the Danube watershed shows，where they contribute to more than 80% of Nitrogen and Phosphorus input.

Therefore ever more concern is laid upon avoiding of such situations from the very start. One example is the change towards handling rainwater.

Two decades ago rainwater in Germany had to be collected in huge sewage lines and all brought to the central sewage plant. This however，not being able to treat most of this short-term water-masses properly，sent these more or less untreated to the receiving water bodies. Moreover the costs for the huge diameter pipelines had been enormous. Meanwhile the approach is opposite in Germany：all rainwater should be handled locally and wherever possible used.

Even big global players like Audi car company collect huge amounts of rainwater for their production processes，hereby saving drinking water. Additionally the production processes itself changed a lot to avoid the spending of water as much as possible. This actually means simply applying the general rules valid for ecological systems.

Eco-Systems

Ecosystems generally

Ecosystems like our planet as the biggest one，consist of living elements，their relations and the place，where they interact. Living elements may be according to their roles producers，consumers or reducers. The relations are from the field of information，energy or matter.

Human ecosystems

Human ecosystems include the human made technical-cultural counterparts of these，i.e. technical-cultural elements，like technical consumers，which may be factories for example.

The most important part of the ecosystem in the human dominated ecosystems we deal with in this conference are the technical-cultural relations in the field of information. They can have the form of flows，like communication，cycles of matter，or they can show up as a structure，like hierarchies in an administration. What we call socio-cultural background, political activities, participation, marketing, design and planning, role-models, philosophies etc. all are variations of this informational part of the human ecosystem. Now, what does this mean to us?

Ecological Engineering

Design and management of ecosystems

We meanwhile know a lot about handling matter and energy in ecosystems.

However there still is little systems-understanding especially with engineers and planners, that the crucial point in doing sustainable human-dominated ecosystems is to deal properly and systematically with the topic of information in ecosystems.

U—Theory

For getting a better understanding of that topic a short look on U-theory may help.

U-theory is especially useful to understand the dimension of depth in human informational interrelations. Many are on the surface, some on the objective, some on the emphatic and few on the decisive bottom level of the U. Only there real insights are gained, even for the yet not existing, but emerging still unknown future.

After having got this insight we can go on realizing this by doing prototypes, a method, known in the production of consumer goods like cars, but quite little applied for the social.

Realization of sustainable ecosystems: General Principles

Now how to realize sustainable ecosystems (which is a synonym to sustainable civilisation).

> First only a holistic integrated systems approach will help. For that we have to think of all the elements，relations and the place or space （biotop）with all its natural and technical-cultural parts and their mutual relationship at the same time，including the surrounding ecosystems（environment）.

> Second：The holistic approach includes a procedure in three steps with decreasing priorities：avoiding，reusing and treating.

> Third：Furthermore acting according to the ecological principles is essential，like multifunctionality，cycles，low output（emissions，erosion），low energy consumption and use of renewable energy，high diversity，resilience and stability and others.

> Fourth we have to see the evolving ecosystem in its development in time，thus the process aspect. A typical application being the quality circle of quality management.

> Fifth we must combine structured approach with flexibility and willing to adapt.

> Sixth we have to make sure that all this must fit the greater encompassing ecosystems（Umwelt，environment）the one of the highest order being the global ecosystem planet earth.

Ecological Engineering

The proper design，implementation，operation and maintenance of ecosystems in a sustainable way is the topic of ecological engineering. This new discipline was developed in the 1980th. Its subject are human influenced ecosystems.

Some examples my illustrate the approach and applications：

Examples

The Example of VVU

One example could be the design and implementation of the maybe first eco-university in Africa, Valley View University in Ghana. Valley View University is the largest private university in Ghana, in the outskirts of the capital Accra. The campus spans 120 ha and includes an agricultural area.

We had the chance to help further the holistic ecological development of this new settlement-ecosystem from the start with the support of two projects. The first was a Research & Development project, funded by the German Ministry for Education and Research, the second was an Investment project in the frame of the Climate Change Initiative, funded by the German Ministry for the Environment. In the course of 10 years we could establish ecological cycles, energy-saving and climate-friendly buildings, multifunctional long-term rainwater storages below roads, drinking-water-purification and packing units and plantation of climate-adapted trees and preservation of old trees and rare endemic vegetation. All was accompanied by an encompassing integrated management of information, quality and mass flow. This included special care for deep understanding, for the specific African cultural background, the participation of the university and its various members and units and training and education.

VVU can thus serve as a positive example of a realized integrated and sustainable solution.

The Suzhou West Ecotown example

Suzhou intends to establish a real ecotown in its West, close to Tai Lake. A sustainable advanced solution was found in the frame of an international tender. Part of that integrated solution is a concept for the flows of water and material，their reuse and linking with social，traffic and job considerations.

Lotus Island Project

Green Wetlands：Changshu Industrial Park

Outlook Generally

All this and the VVU-example especially may serve as encouragement to go this holistic way，which actually is what the new Chinese Ecological Civilization Research and Promotion Association（CECRPA）is aimed for. Whatever the Ecological Engineering Society can contribute it will with great pleasure.

Trends and new solutions towards a sustainable civilization：The Future

A sustainable civilization will be possible only in the confines of the bearing capacity of the planetary ecosystem and according to its rules. The trends and solutions towards a sustainable civilization therefore always will follow the general ecosystem rules. One example ： the cradle to cradle-concept，which sees a separation between a biological and a technical cycle. This avoids the mixture between both，which is the usual nowadays and the origin of a lot of economic and ecologic problems. The biological cycles will be completely and be kept free of hazardous substances. The second cycles of technical materials will be separate from that and also closed. This is important among others，because many needed technical materials（rare earth metals for example）are limited and if not recycled can do a lot of harm to environment and health. The products and the production-，use- and recycling processes are designed from the start to in no step harm environment or human health，but on the contrary be supportive to those.

四、生态社会与制度创新

建设生态社会　实现制度创新[*]

环保部总工程师　杨朝飞

受祝光耀常务副会长的委托，现将第二分会情况报告如下：

一、会议概况和评价

第二分会以"生态社会与制度创新"为主题，由环保部政策法规司主办。研促会常务会副会长祝光耀同志主持前半段会议，我主持后半段会议。环保部杨朝飞、中国人民大学马中教授、环保部政研中心原庆丹副主任、北京大学汪劲教授、中国林业大学严耕教授，分别作了关于绿色经济发展机制创新、环境保护管理体制、环境经济政策、环境执法、中国生态文明建设评价的报告，环保部人事司任勇副司长、上海交大王曦教授对专家报告作了评议。河南新县县长杨明忠同志交流了参加会议的体会。政法司李庆瑞司长宣读了《生态文明　苏州宣言（征求意见稿）》。

会议还邀请了中国工业经济联合会、环保部政研中心、环境规划院等政策研究部门的代表，以及江苏省环保厅、苏州市等地方的代表参会。

与会代表对本次年会给予了很高评价，概括为三个"好"和一个"强化"：一是中国生态文明研究与促进会成立得好，对于我国的环境保护和生态文明建设都具有里程碑的意义；二是首届年会的主题确定得好，当前我国正逢绿色转型的关键时期；三是会议召开的地点和参会对象选得好，会议的设计与安排合理，会议开得效率高、效果好，与会代表收获大；四是强化了与会代表，特别是领导干部的环境意识和生态意识。

---

[*] 本文为研促会第一届年会第二分会场总结发言，标题为编者代拟。

二、会议的主要研究成果

第二分会主要取得以下六个方面的收获。

（一）转变政府职能，推动绿色转型

绿色经济是一种以环境保护与资源的可持续利用为本质条件的经济发展模式，其特征是代价小、效益好、排放低、可持续，其核心是强调人类福祉在绿色经济发展中的重要性。

要实现中国绿色转型，关键在于两个"转变"和两个"创新"，即发展方式转变和政府职能转变，体制机制创新和技术方法创新。需要强调的是，中国多年转型虽然取得了瞩目的成就，但至今没有取得根本性的突破。因此，必须下决心解决转型的关键问题，那就是政府职能的转变。

在中国的社会主义市场经济体制下，发展绿色经济的主体是企业，政府肩负重要的指导和引导作用。创造良好的制度条件，让企业发展绿色经济"有利可图"，是政府的主要职责。政府应该加快职能转变，将精力集中到加强对市场的监管，并制定、完善宏观性的引导政策，避免直接干预市场行为。因此，要加快实现政府职能转变：一是政府不越位，充分发挥市场配置资源的基础性作用。二是政府不缺位，进一步加强政府对市场的监管和服务作用。三是政府不错位，大大强化经济政策对绿色经济的引导作用。

（二）关于改革环境管理体制

中国环保 30 年，环境管理体制大大增强，但仍不完善、不理想，不能有效地实现《中华人民共和国环境保护法》提出的"全国环境保护工作实施统一监督管理"的要求。中国面临严重的资源环境约束，在经济周期性波动中高速增长的背景下，以第二产业为主的产业结构、城乡差距和区域环境经济地理区位的不对称等问题都表明，强有力的环境保护管理体制是生态环境得到有效保护的重要保障。环境管理体制目前存在三个主要问题：一是横向结构分散，职能交叉、重复、扯皮；二是纵向结构不完善，

一方面管理体制延伸不到底，农村环保机构十分薄弱，另一方面上下事权划分不明确、不清楚；三是环保机构能力建设滞后，职能配置不合理，管理人员素质不高、能力不强。

为改善环境管理体制，需要从以下方面加快改革：一是要实现环境保护主管部门独立的环境决策。二是环保部门和其他部门在环境保护工作中要有不同的职能定位，区分监管职能和执行职能，由环保部门综合监督环境保护工作，其他部门分工负责执行环境保护工作。三是按照环境要素立法的环境法制特点，改革现行的环保管理体制，即环境保护部门的内设机构也按照环境要素来设置。四是从司法支持、政策手段、保障条件、执行机制等方面着手，通过改革，进一步加强能力建设，保障环境保护管理体制的有效运行。

（三）关于推进环境经济政策创新

环境保护水平低反而成为很多企业的"竞争优势"，这是一种非常不正常的现象。为此环境监管要将企业环境成本内部化，促进市场公平竞争，需要加快完善环境经济政策。但是，要使得环境经济政策发挥作用，需要具备两个关键性的条件：一方面，环境监管必须到位，从而催生治污市场和环保产业的需求；另一方面，环境治理必须有价，从而保障市场机制真正启动。但是目前，这两个条件还不完备。国家对此问题高度重视，《国务院关于加强环境保护重点工作的意见》就是一个突出环境监管、突出经济政策的文件，为环境经济政策创新提供了新的动力。

绿色金融创新是环境经济政策创新的重要内容，包含了三个层面的内涵：一是旨在保护生态环境、可持续利用资源的金融活动；二是金融业落实环境保护责任，形成有利于节约资源、减少环境污染的金融发展模式；三是强调金融业关注环境保护，从环境保护需求出发开发金融服务和产品，实现金融业的新增长。为此，国家要加快完善绿色信贷、绿色证券、绿色投资、绿色保险等政策机制。

（四）关于强化环境执法

我国环境法制虽然取得很大进展，但环境执法仍然面临"左右为难、夹缝执法"的困境，长期以来执法绩效不高，甚至在一些地方还呈现了下降趋势。究其原因，一方面，有内部原因，即源于环保部门自身的制约因素，包括环保部门执法能力不足，环境执法不规范、环境执法不作为的问题；另一方面，也有外部原因，即源于政府及其他相关部门的制约因素，包括环保行政管理体制设置重叠交叉不合理、环境执法存在较大的外在阻力等。

影响中国环境执法的立法与司法因素中，环境立法存在着"有数量无质量，既无大错也无大用"的普遍现象；目前环境司法则是"非不能为，实不欲为"，突出体现在对环境执法的支持不足、对污染被害者的救济不利。

针对这些问题，要强化环境执法，一是加强立法保障，应该提高立法技巧与质量，结合民诉法对环境公益诉讼制度的建立，细化信息公开与公众参与制度；二是加强环境司法保障，环境司法要提高行政执法的权威性，保障行政处罚的有效性，同时要加强对污染受害者的司法救济、对危害环境行为的司法打击，加强环保法庭建设等；三是应区分不同群体的利益需求，改变环境纠纷处理方式。

（五）关于生态文明建设评价评估

建立生态文明评价指标体系是开展生态文明建设评价评估的关键环节。通过生态活力、环境质量、社会发展、协调程度和转移贡献五个方面的要素条件，构建生态文明评价指标体系是一种有益的尝试。有关研究机构据此对全国环境质量进行比较分析后，得出初步结论：全国多数省份环境质量都有不同程度的退化；当前，农业面源污染已成为我国水环境和土壤环境污染的重要原因之一。建议有关部门重视该研究成果，继续完善评估指标体系，推动生态文明建设。

（六）关于健全环保主体良性有效互动的法律保障

法律对于环保主体良性互动关系的保障程度，是衡量一个国家环保事业发展水平的重要指标，也是衡量生态文明建设水平的重要指标。环境保护有三个主体，即政府主体作为管制者兼被监督者、企业等市场主体作为被管制者兼被监督者、第三方主体（人大、公众、司法、媒体等）作为监督者。在三者之间，应当建立政府主体监督企业主体、第三方主体监督政府主体、第三方主体监督企业主体的良性有效互动关系，形成一个类似于"等边三角形"的监管模式。为达到这一目的，需要强有力的法律保障。目前，在我国，政府主体对企业主体的监管比较有力，而第三方主体对政府主体监督、对企业主体监督的两条线软弱无力，这对环境保护是非常不利的。因此，在《中华人民共和国环境保护法》修改中，应该确定各类环保主体在环保事业中的地位和作用，规范有关环境事务的政府决策，规定政府环保履职监督制度，强化环境监督力度，以保证公民的合法环境权益，保证社会公共产品——环境不遭受污染和破坏。

加强中国环境保护管理体制*

中国人民大学环境学院院长
中国生态文明研究与促进会专家咨询委员会委员　马中

我的报告主题是"加强中国环境保护管理体制"。说到中国环境的保护管理体制，我们先看看目前中国有哪些部门肩负着环境保护管理的职能。

目前在我国，环保部、国家海洋局、国土资源部、国家林业局和农业部都具有环保监管职能。这么多部门同时具有相同的职能，就造成了现行环境监管中的三个问题。

第一，是监管职能分配于不同的部门中，职能不统一。

第二，是部分监管职能同时由多部门承担，造成职能重复。

第三，国家海洋局、国土资源部、国家林业局和农业部在执行环保监管职能的同时，自身还是自然资源的行政主管部门，负责监督管理自然资源开发和使用，违背了监管者和执行者分离的原则，产生职能冲突的问题。

根据《中华人民共和国环境保护法》中"国务院环境保护行政主管部门，对全国环境保护工作实施统一监督管理"的条款和 2008 年国务院国办发[2008]73 号《环境保护部主要职责内设机构和人员编制规定》文件，赋予环保部的 12 项具体职责中，有 8 项都是关于环境保护的监督管理。而在现实中，"国务院环境保护行政主管部门"环保部其实对全国环境保护工作并不能实施统一监督管理。所以说，实现监督管理环境保护职能的统一是当前环境保护工作最主要的任务。

---

*文章内容依据发言者 PPT 报告原文整理形成。

在这样的情况下，目前国内环境保护的现状可以概括为：

（1）地质环境保护基本处于无监督管理的状态；

（2）海洋环境保护被法律和部门分割；

（3）农村环境保护没有得到有效监管；

（4）气候环境变化没有纳入环境保护统一监管的范围；

（5）占国土面积 15%以上的自然保护区的环境保护没有得到有效监管。

作为一个发展中的大国，中国经济正处在周期性波动的高速增长状态中。但是经济运行的波动和调控不应影响国家环境政策的连续性，要通过强有力的环境保护管理体制，长期、连续、稳定地保障生态环境得到有效保护。

而环境保护行政主管部门要真正有效地起到环境保护的监督和管理职能，必须在标准、权限和能力三个方面进一步加强。因此，我建议：

（1）由环保部门统一监督环境保护工作，其他部门分工负责执行环境保护工作；

（2）根据环境要素立法，逐步改革现行的环境保护法律体系；

（3）改进运行机制和加强能力建设是近期重点实现的工作。

在这个基础上做到环境保护统一监管和综合决策，并通过环境保护统一监管和综合决策，实现对宏观经济调控的影响、综合协调能力的加强和公共服务的提供。

中国生态文明建设评价*

北京林业大学生态文明研究中心　严　耕

我的报告将从生态危机和生态文明的关系、生态文明建设评价的意义和方法、评论的主要结果、生态文明建设的短板四个方面展开。

对于人类在进入工业文明时代后日益严重的生态危机，我们必须清楚它的根源、类型、特征和严重性。进入工业社会后，由于人类欲求和自信的空前爆发，导致现代工业文明颠倒了自然与文明之间的关系。对此我们应该明确，文明确实是在自然之上建立起来的，文明只不过是整个自然生态系统的一个部分，尽管是最精彩的一部分。因此，文明必须尊重自然，顺应自然。

对于我国的生态文明建设，一方面不能说中国的生态文明提出得太早，是中了西方国家的圈套；另一方面，衡量中国生态文明的指标不能太高，不可能毕其功于一役，要有打持久战的准备，因为中国毕竟还是工业进程中的国家。

目前我国生态文明建设确实存在难点，体现在生态质量退步趋势有待扭转，近年来全国多数省份环境质量都有不同程度的退化。原因在于：

（1）各地农药使用强度持续上升，需要重点调控；

（2）服务业产值占 GDP 比例较低，产业结构调整任重道远；

（3）单位 GDP 能耗相对较高，节能减排须常抓不懈。

但是总体来说，近年来我国生态文明呈持续进步态势，生态活力呈上升趋势，社会发展水平持续提升，协调程度显著增强。主要表现为自然保

---

*文章内容依据发言者 PPT 报告原文整理形成。

护区的有效保护接近世界先进水平，森林覆盖率稳步提升。

当前，农业面源污染已经成为我国水环境和土壤环境污染的重要原因之一。尽管现在国家已经对耕地数量作出了 18 亿亩"红线"的强制要求，但是对其质量的逐步退化，尚未引起足够的警觉。

生态文明建设要实现人类的可持续发展，首先要保证自然生态的可持续发展，其中就包括水环境和土壤环境。所以，必须严格控制农药施用强度，大力发展无公害、生态农业，实现人与自然和谐，人与土壤双赢。

生态文明转型背景下的环境经济政策创新*

环境保护部环境与经济政策研究中心副主任　原庆丹

生态文明建设将是个漫长的过程，生态文明建设要求我们在发展方式、社会治理、环境质量、环境文化四个方面作出改变，使生态文明建设对全社会的经济结构和社会人文环境都能产生有益的影响。

但是就目前国内的现实状况而言，环境保护常常得不到重视，甚至成为很多企业、地区获得经济发展竞争优势的牺牲品。

据调查，目前中国湖泊富营养化速度与经济增长速度是一致的。同时期国内企业的排污费支出仅占税费的 1%，而环境成本则仅占企业成本的1%～10%，远低于国际上企业环境成本的 15%。这导致我国现在已经成为全球重污染、高风险产业转移的主要目的地。因此，完善经济政策已经成为保护中国生态环境，实现公平参与国际竞争的重要手段。

环境经济政策起作用的关键是两个条件：

（1）环境监管到位，催生治污市场和产业需求；

（2）环境治理有价，保证市场机制启动。

但遗憾的是，我们目前距离这两个关键点还有较大差距。现实情况下，我国的环境政策常常是行政手段披着经济手段的"外衣"。

不过近年来，随着对生态建设的逐步重视，我们在环境经济政策创新方面已经有所行动。

在国发[2011]35 号《关于加强环境保护重点工作的意见》文件中提出的就加强环境保护重点工作的三点意见中，全面提高环境保护监督管理水

---

*文章内容依据发言者 PPT 报告原文整理形成。

平和改革创新环境保护体制机制占据了其中的两大条。而实施有利于环境保护的经济政策，作为改革创新环境保护体制机制的重要内容，特别提到了将在财政支持、水费、信贷等多个方面给予政策上的支持。

这些政策上的支持将会对环保产生新要求，从而进一步对相关投资产生拉动作用。据统计，"十一五"期间，全社会环保污染治理投资约为 2 万亿元人民币[1]。这个数字在"十二五"期间达到了约 3.4 万亿元人民币[2]，其中重点实施的 8 项环境重点保护工程的投资约为 1.5 万亿元人民币。在这样的大形势下，旨在保护生态环境、可持续利用资源的绿色金融创新，将在金融业落实环境保护责任，形成有利于节约资源、减少环境污染的金融发展模式。

绿色金融创新强调金融业关注环境保护，从环境保护的需求出发开发金融服务和产品，实现金融业的新增长。其业务范围可以扩及绿色信贷、绿色证券、绿色投资和绿色保险。通过绿色金融创新，以市场手段鼓励环保，促进绿色转型，一定能对我国现阶段生态文明建设和转型产生积极的作用。

---

[1] 为当年价累计，不含运行费。
[2] 同上。

中国环境执法：现状、问题与对策*

北京大学法学院　汪　劲

说到中国环境执法的问题，首先应该回顾我国自"五五"计划时期到"十一五"规划时期 30 年在环境质量状况上的变化。

总体来说，与前期相比，我国的环境保护在"十一五"，也就是 2006—2010 年期间，取得了一定的进展。局部地区环境质量有所改善，但是环境恶化的总体趋势尚未得到遏制，环境形势依然严峻，环保压力继续加大。

那么在"十二五"规划时期，即 2011—2015 年间，中国环境将会呈现一个"局部逐渐好转，总体继续恶化"这样一个显著的阶段性特点，与此同时我国国内因环境危机引发对抗的概率将增加，国际环境形势压力将更加严峻。那么，提升中国环境法制水平能否避免以上情况的发生呢？

我国环境执法的现状可以作这样一个困境描述：左右为难、夹缝执法。这种困境出现的原因，一方面源于环保部门自身执法能力不足、执法不规范和不作为等因素，同时也与政府和其他部门的制约因素，如统一监督管理难以实现、分部门管理交叉重叠、各立山头等有关。环境执法还面临着来自相关利益方的外在阻力，在 GDP 至上的氛围中，环境执法常常受到冷落，甚至受到干扰。

这样的困境很大程度上是受到环境执法的立法与司法因素影响产生的。

首先，现阶段我国环境立法数量多但质量不高，在执行上缺乏对制裁

---

* 文章内容依据发言者 PPT 报告原文整理形成。

措施的明确规定，甚至不予规定。

其次，在执行过程中，存在着受制于同级政府或者有责无权的尴尬，导致环境法律制度的执行措施不足；受制于立法和体制缺陷，致使环境执法绩效先天不足；而环保部门自身执法能力不足又进一步加剧了这种缺陷。

所以我对当前我国环境司法的评价就是：非不能为，实不欲为。

最后，对于提升中国环境法制水平，我提三条建议：

一是要建立中国环境法制的运行和保障机制，消除行政权力对环境执法的影响和干预；二是要从国家安全和执政安全的角度，区分不同群体的利益需求，改变环境纠纷处理方式；三是要强化环境执法的立法与司法保障，保证环境执法的有法可依和执法行为的有效性。

五、生态文化与绿色消费

倡导绿色消费　建设生态中国*

环保部环境与经济政策研究中心主任　夏　光

　　第三分会由环境保护部环境与经济政策研究中心承办，由王玉庆副主任和我主持，受王玉庆副主任的委托，我向大会汇报第三分会"生态文化与绿色消费"的情况。在会上，全国政协人资环委王玉庆副主任作了主旨发言，中国社会科学研究院黄继苏研究员、北京大学郑也夫教授、环境保护部政研中心夏光主任、中国作家协会徐刚委员、《光明日报》社冯永锋记者、西藏农牧学院徐凤翔教授六位专家学者作了嘉宾发言。参加分会的还有环保部、地方环保部门和各方面的代表共 50 多人，大家经过积极热烈的讨论，取得了丰富和有益的成果。

一、认真探讨了生态文明与生态文化的关系

　　文化与文明在许多意义上是既是相通的但又有区别。生态文明强调的是所有社会成员与自然相互作用所具有的共同特征和最终实现与自然和谐共进的目标。生态文化强调由具体生态环境形成的民族文化的个性特征。生态文化代表了人类在与自然相处中逐步形成的自我认识和行为方式，其中优秀的部分逐渐凝聚成生态文明。

　　挖掘中国传统文化中生态的精华，对全面理解生态文化和生态文明有重要作用。中国的传统文化中有 "天人合一" 的哲学思想，这些思想为反人类中心主义奠定了哲学基础；有仁爱万物，尊重生命的价值观，从"仁者爱人" 扩展到 "仁者爱物"，体现了对生命和大自然的尊重；有顺应自

_____

*本文为研促会第一届年会第三分会场总结发言，标题为编者代拟。

然，完善人生的生态观，这些顺应自然规律的思想，对人自身的完善及社会发展进步非常重要；有倡导节约、少私寡欲的消费观，传统经典中讲了很多过分追求物质享受、追求名利等身外之物，必被其所累的道理，倡导节约，少私寡欲；有"天人相分"的自然观，要掌握自然规律，因势利导，为人类谋福利，告诫人们，对自然的客观规律并不一定能完全掌握，可能会造出损失，要提高警惕，汲取教训，总结经验，加以规避。这些传统文化中优秀的成分对我们当代建设生态文化有着重要意义。

建设生态文明要从我国优秀生态文化中总结和提炼更高层次的思想和观念，生态文化重在行动，我们必须以提高全民生态文化素质为目标开展行动：首先要转变观念，转变对经济与环境关系的认识，要把经济看做是环境的一个子系统，使经济社会发展建立在环境可承载和资源可持续的基础上。其次要转变人类生活的价值目标，树立一种以适度节制物质消费，避免或减少对环境的破坏，有利于健康，有丰富的精神文化生活，崇尚自然和保护生态的生活理念。在加强生态文化素质教育时要体现国家和民族特色，重视传统道德和价值观念的培养。大力开展环境科普，提高全民生态文化素养。

二、提出了"比较性竞争对生态文明的影响"的认识

我国资源环境问题在很大程度上源于我们社会主流的比较性竞争心理，比较性竞争要满足的是人的社会欲望，是人的比较意识或心理，其特点是相对的、辩证的、累积的、无限的。这种竞争为人类的发展提供了空前的动力，同时这种比较性竞争关系也越来越强化为人类最基本的社会关系和最普遍的社会结构，即不平等与平等的对立统一。

这种竞争有促进财富生产的作用，但同时也刺激了强烈的攀比心理和浪费性消费、炫富性消费。特别是随着工业文明、科学技术的不断进步，强化了这种比较性竞争的作用，加速了对世界资源的消耗和世界环境的破坏。

因此，我们应该坚持社会主义的价值取向，纠正向交换价值的倾斜、崇尚、激励，提倡满足需求的价值导向，约束对物质的无限追求，抑制因资本追求无限利润而导致的资源消耗。我们不仅要倡导"适度"，更要号召全世界跟我们一起"适度"。最后，我们要对社会一些非竞争性的价值，如审美、艺术等进行鼓励。同时，要建立一种动态、开放、弹性、多元的价值体系和文化氛围，不能让物质追求和物质占有成为社会的主流思想。

三、探索了中国传统诗文中的生态文化哲理精神

诗歌是一个民族精神世界的浓缩、一个民族的行为模式的历史见证。我们可以通过诗歌来体会远古文明对于生态文化的理解和认识，当这种对生态文化的理解和认识成为指导大众行为模式的规范，并上升到哲学层面时就形成了生态文化的哲理精神。这种哲理精神是源于自然、遵循规律、明晰关系、调顺功能、沟通理念的理念升华。中国传统文化中，不仅哲学思想处处可见生态文化的智慧，而且在传统文学瑰宝中也多见生态文化的内容。这些生态诗文，是将自然生态规律、物种间的连锁关系以诗化的文字反映，含义深沉而极富哲理，既是全人类的生态文化精神遗产，也是指导生态文明的精神源泉。

这些含有大量生态文化内涵的诗文展示了一种诗化的生活意境，彰显了大自然的博大精深。通过传统生态诗文的洗礼，我们从"唯人为本"向"以人为本"回归，实践顺应自然的人生。我们不仅要在良好的自然生态中生活，更要将这种尊重自然规律的精神带到日常生活中来，形成健康、生态的新生活方式。

最后，我们应该通过个人的修身养性，形成一股"济世、献智、和谐共进"的社会风潮。倡导社会的每一分子明确社会责任、自清而慎行、合力济世；同时致力于对外界的改善与保护，参与"谐、泰、昌、明"的共进。"谐"包括人与人、人与生物、人与社会之间的合理的互动与协同发展；"泰"与"安"是共体，民众的安泰为社会安康的基石；"昌"则是通

过科学的发展、保护性开发、节约型建设，促进社会昌盛；最后，通过实现清明、透明、有序、有度、公允、公益，创建真正的生态文明社会。

四、提出了环境保护的第三重使命

促进社会主义文化大发展、大繁荣。在当前中国社会出现明显道德滑落时，环境保护不仅具有改善民生、优化经济的作用，同时还肩负着重建社会道德，重塑中国人性、建立人与自然和谐的民族信仰的艰巨任务。

过去我们认为经济增长过程中，资源环境代价过大，这种代价过大不仅包括了物理意义上的环境代价，还包括社会环境意识的退化，这种退化给中国民族的影响是非常巨大的。环境问题追到根本上实际上是人的问题、人性的问题。重塑中国人的人性，建立自然和谐的民族信仰，其难度非常大，甚至比过去我们为解决环境问题付出的所有努力都大。但解决这一难题是存在可能性的。

因为我们已具备承担这第三重使命的两个必要条件，一是我们拥有大量优秀的传统生态文化思想，我们可以从中挖掘无数的精神财富来重建中国人的人性。二是科学发展观、生态文明建设、"两型"社会、和谐社会、新型工业化等这些内容为第三重使命提供了坚实的政治基础。

为实现环境保护的第三重使命，我们应采取以下措施：环保部门应抓住七次大会的机遇，推动环保文化发展和环境道德发展的社会文化运动。建立环境友好型的政治观，提升政治领域的生态文化认识水平。对企业、对资本建立生态文化的道德观和价值观，强化企业的社会环境意识，对企业进行环境知识的启蒙教育，对企业进行可持续发展的教育，同时通过严格的环保手段引导企业的长期发展，激励企业家的环境慈善之心，用政策法规引导企业积极参与绿色经济。对社会进行环境教育，创新环境教育，形成一种生态文明、利益相关、匹夫有责的社会主流风气。对公众进行启蒙教育，挖掘我国传统文化中的生态文明思想，修复现代经济发展过程出现的文化断层，即"重建"，要进行文明修为教育，启发公民的环境权益意识，繁荣环境公益文化创作，增强环境保护文化建设的能力，造就强大的环境产品。

五、提出了"环境中的人——做真正的中国人"的呼吁

呼吁要重视自然环境中人的角色和地位。人是自然的，而人之所以为万物之灵是因为人能为自然代言并吸取自然的精神。人与自然是平等且互相依存的。人类必须敬畏大自然。人是大自然的万类万物之一，只能生活、发展在物种多样性中间，如果生态环境持续恶化、物种消亡、江河污染，人类怎样生存？又怎样以人为本？敬畏自然不是无所作为，在充分考虑环境容量的情况下，在环境容量允许的范围内适度开发也是必需的。审视我们的人、审视我们的文化，可以发现我们丢弃或者是遗忘了中国人传统的本质文化，即仁、义、礼、智、信。我们不能老在发展的形式上、生活的追求上跟从西方社会，而是应该从自己的历史、自己的文化、自己的土地、自己的内在来思考作为一个中国人最重要的本质是什么。

环境问题的实质是人的问题。我们必须要从历史的角度直面自己，反思自己，认识自己。我们要在拥有优秀的民族传统的同时发展现代文明，要从传统中国的历史文化中吸取生态智慧的营养，将传统的节约、简朴、尊重自然的生活方式与现代技术、现代制度、现代组织、现代法律等相结合，在中国结出生态文明的果实，回归、重构中国人的仁爱、友善、清廉和节俭。

六、探讨了绿色消费的多种可能选择模式

一是抵制破坏生态环境的商品和企业。不仅要抵制污染的产品，更要抵制污染的生产行为。号召全社会行动起来，跟一些生产者的污染行为作斗争，结合社会力量推进绿色消费。

二是建立独立的、民间的环境监测，加大公民和社会的环境信息公开程度，建立政府和社会多元的环境监测体系，大力开展生态环保实践活动，

提高公民对环境问题认识的深度。

三是鼓励更多的自然爱好者积极行动，让普通人在日常生活中观察生态、体会生态、理解生态，从而践行生态、建设生态、保护生态。

四是培养更多的公民环保专家。随着全球化、信息化、网络化、中产化的发展，随着人们对生活质量更高的追求，一些环保活动的爱好者、志愿者、最知道第一线情况的环保工作人员，可能才是真正的环保专家和学者。对这些人的扶植、培养、包容将大大地提升生态文明建设行动的社会力量。

七、提出了促进绿色消费的政策建议

我们传统的生态文化中充满了循环、利用的思想，但在工业化和商业化社会中，生态的循环链条被人为地切断，使原来是资源的要素成为了垃圾。而目前的税收和收费政策未能合理地引导消费者适度的消费，特别是污染不付费、垃圾处理费低等政策导向，导致人们出现争抢占有环境的心理。

因此，应该从制度、技术、意识形态等多个方面综合提升绿色消费水平。制度上，政府要建立有利于鼓励人民有效、合理消费的政策，特别是鼓励生产者最大程度地循环利用自然资源。技术上，要研发有利于人们使用、减少使用成本并有利于形成资源循环利用的技术。意识上，要从主导性意识入手，要将环境保护这个"故事"说得让任何人都愿意听，并且愿意讲，还要愿意做。环境教育不仅要强调从娃娃抓起，更要在主导一个家庭、一个社区、一个社会的主流群体中，特别是在上层和富人中加强环境意识的形成，才能更大范围地在全社会形成环境意识，即为上行下效。

总体来说，第三分会主题较新，偏重于思想精神层面的认识以及人的行为观念转变。与会者围绕传统生态文化、人性、生态价值观、生态消费行为为主的演讲内容，从国家主流的意识形态上对生态文化和绿色消费进行了探讨，对全社会参与生态文化建设、践行绿色消费的观念、伦理、制度、组织、技术等具体维度进行了颇有成效的探讨。几位来自不同领域的专家提出了非常独到的见解，整个会场充满了尊重自然、爱护自然、保护生态的人文关怀，会议达到了各抒己见、生动活泼的预期目标。

生态文明与比较性竞争

中国社会科学院研究员、社会学家、剧作家　黄纪苏

一

最近，关于环境生态的研讨会特别多，最大的会在坎昆召开。中国有些媒体报道此事，说中国如何一言九鼎、如何被各国众星捧月——完全是娱乐记者报道戛纳电影节或电视达人秀主持人的口吻。这反映出人类面对灾难时的各种面目及其背后的各样心理。我今天就谈谈建立生态文明需要面对的一种心理。

这种心理，中国古人称做"争心"，日常生活中大家老说的"攀比"、"要强"、"出息"、"拼搏"、"不服输"、"出人头地"、"不甘人下"，雅点儿的像"风雨之后见彩虹"什么的，大约都是这玩意。我给其取了一名字两个叫法，侧重心理时叫"比较意识"，强调行动时叫"比较性竞争"，总之，里子、面子一回事。

我们都知道，动物也竞争。动物的竞争基本是要满足生理欲望。生理欲望的特点是绝对的、有限的、简单循环的。人也是动物，一天三顿饭基本就够了，也有遵医嘱少食多餐弄六七顿的，但总饭量也就那么多。而且，一旦吃饱，看什么国宾席、私房菜全是垃圾食品。总之，动物的这部分欲望很容易满足，以全世界小麦、稻米、肉、蛋、蔬菜等的产能再加上差不多一半一半的人口性别构成，解决起来没有太大困难，尤其是在今天。

人类是动物，但还是高级动物。这"高级"反映在竞争上，就是人类的竞争比飞禽走兽的竞争要"高明"一大截：它是"比较性竞争"。比较性竞争要满足的，是人的社会欲望，更准确地说，是人的比较意识或心理。

比较性竞争的重点在于人与人之间的比较——不是自己有多少，而是比别人多多少，或是比别人少多少。比较性竞争的特点是相对的、辩证的、累积的、无限的。张三开上夏利，李四就惦记捷达；李四有了悍马，张三做梦都是游艇。这样你来我往，上不封顶。如果说食欲、性欲等生理欲望一个猛子就能到对岸，没有最牛只有更牛的比较意识却是欲海无边。

这种比较性竞争，关于它的起源和发展，我曾作过小小的推测。简单说就是：由于为从猿猴到人类的进化提供了空前的动力，比较意识作为一种心理倾向逐渐沉淀为所谓的"人性"，而比较性竞争也越来越强化为人类最基本的社会关系、最普遍的社会结构——不平等与平等的对立统一。它不但是迄今人类文明存在的重要基础，还是其发展的主要动力。从夜空俯览大地上繁华的灯火，想想有多少人间奇迹、苦难来自比较性竞争。

二

既然比较性竞争支撑了迄今人类文明的存在和发展，那么就继续支撑下去不是正好吗？问题是，目前情况不太好：比较性竞争与工业文明、资本主义搞在一块，正将人类脆弱的环境，包括有限的不可再生的资源推向危险的境地。环境资源问题也许比别的问题，如战争、贫困等，更能让我们认真反思人类社会的基本制度。

游牧文明、农业文明时代，问题没这么严重。人类虽然欲望无边，但毕竟能力有限。山上的树、水中的鱼、天上的鸟、地里的庄稼，人类就是想把它们捕尽杀绝也办不到。金矿银矿虽然也开，但一没雷管炸药二没风钻掘进机，就靠几把哪怕是几千把镐头又能怎么样？前工业时代当然不像今天很多人讴歌的"天人合一"、"环境友好"，并没有对环境手下留情，只是因为手段不足，伐木丁丁、放火烧荒、"蜀山兀，阿房出"，伤得都不算深，春风一吹，春雨一淋，伤口就愈合了。

到了工业文明，情况发生了剧变。由于科学技术的突飞猛进，人类移山填海、改天换地的本领今非昔比，令人叹为观止。科技、工业这些东西不能说不是好事，过去大旱之年人类只能朝天磕头，现在可以冲天开炮，虽然少了"敬畏之心"，显得很没礼貌，但确确实实把麦苗渴望的甘霖轰下来了。与此同时，科技、工业对环境资源造成的巨大破坏也是有目共睹的：多少山都秃了，多少水都臭了，北风再不呼号，多少城市都快变成希特勒的毒气室了。

平心而论，科技和工业本身并不必然破坏生态环境，它只是工具而已，只是提供了对环境进行深度破坏的必要条件，人类完全可以不用它搞破坏。所以，破坏的责任主要不在破坏工具而在破坏者。有一种科技工业"异化"成了妖怪、教唆人类干傻事的论调，听着像是"枪指挥党"，其实是推卸责任。

资本主义自有其长处，但其的确跟生态环境过不去。原因有以下几条：第一，它鼓励不平等，鼓励比较性竞争，没有最多，只要更多。第二，或第一的补充，它还鼓励起点平等、社会流动，结果使比较性竞争最大化。这的确是它强于其他主义，如封建主义的地方，但的确对环境生态非常不利，过去少数人少数国家享用的，如今多数人多数国家也要拥有，狼多肉少，肉就惨了。第三，资本主义的商业文化尤其是财富价值观还充当"带路党"，把黑压压饥民一样的比较意识、比较性竞争领到物质财富这边来。在非资本主义的封建社会和官僚社会，财富不是唯一，人与人比权量力的侧重点是权和位，说得夸张一点，就是比谁稍息谁立正，比谁低头谁抬头——有些文人墨客甚至还比谁身无分文、落拓不羁。对财富关注得少一点，环境资源的压力自然也就轻一点。资本主义使社会市场化，财富价值观通吃独大，大款不但被大官看齐，也被大腕看齐，还被大师看齐。平民就更不用说，也都把趁钱不趁钱当成白没白活的几乎唯一标准，于是能致富的致富，不能致富的劫富，不敢劫富的毁富。多少亿人以这样一种争先恐后的方式紧盯财富、直奔财富，我们的资源环境，包括青山绿水、金银铜铁的末日还远吗？2009年有位德国参赞，说中国应该转变发展的模式了。

三

他说得不错，是该转变发展模式了。怎么转呢？其实很简单，就是把速度适当降降，即所谓量入为出、适度发展，资源省着用，留点儿给下一顿和下一代。但最简单的事往往是最难的事。比较性竞争是一个赛场，赛场的词典里从来就没有"适度"这个词。健儿们哪一个不是两条腿当四条腿跑，谁会不疾不徐、不慌不忙呢？与工业文明、资本主义跑到一块的比较性竞争，把芸芸众生带到这样的境地：谁适度谁现在完蛋，再不适度大家全都完蛋。

所以，不能指望资本主义解决"适度"的问题。买卖碳指标、把玉米变成燃料然后继续飙车玩游艇，还是穷奢极欲，根本没有"适度"的意思。所以，"适度"这件事，恐怕还得靠社会主义来帮忙。社会主义有不少问题，但它也有个强项就是强调平等，即资源的平均分配，不鼓励多吃多占，有抑制比较性竞争的一面。"勤俭"、"节约"这些词，"90"后可能很少听到了，我们当年是落实在了"新三年、旧三年、缝缝补补又三年"的衣服裤子上的。那时候，一条裤子没仨补丁一般下不了岗。

但仨补丁的裤子外加勤俭节约的好作风，与西服革履、油头粉面两军对垒，没坚持多久就自觉理亏，一理亏就气短，气一短就缴械、投降、洗脑、换装。由此可见，一国首先进入社会主义，的确有相当的难度，进入不容易，待住就更难了。所以，当德国参赞问我中国能不能改的时候，我说改"钻木取火"可以，改"天人合一"也可以，但有一条，要改西方必须跟我们一块改，否则我们又要理亏气短、缴械换装。所谓"一块改"，就是一块适度，一块社会主义。一块社会主义，其实就是列宁他们当年争论的世界社会主义。

世界资本主义弊端丛生，危机频连，路越走越窄，想不试试别的路都不行了。中国走到今天，的确早已不是一百年前、六十年前、三十年前的中国了。以中国这样的规模，其实是可以承担一点人类使命的，不说独担，起码也是分担。这个使命对于中国未必只是无偿献血、干赔不赚，未必不是一次难得的历史机遇。所以，我们应当积极探讨生态环境问题的解决之道，不光扬汤止沸，把光伏电池产量做到世界第一，还要釜底抽薪，在伦理、价值观、社会关系等方面作出大的改进乃至创新。

前面提到了量入为出、适度发展，还提到了相对平等、社会主义。这里再提一条：价值多元。以现在的人生观、价值观，幸福几乎就等于出人头地，出人头地几乎就等于多吃多占。人这辈子，于是除了争就是抢，不但要把环境抢得满目疮痍，把资源抢得一干二净，还把人自身抢得索然无味。所以，建立绿色文明，要放眼比武场之外。对于一部分非竞争性价值，如审美、男女，我们要尽量容忍，使之成为我们一部分人生幸福的安居小区。对另一部分非竞争性价值，如求真、兴趣，更要大力扶持，让它们逐渐取代比较性竞争成为推动文明进步、创造物质财富的动力。与此同时，对于比较性竞争本身，也要抱辩证的态度，尽可能用长避短，变弊为利，诚如古人所说："性犹湍水，导之东则东流，导之西则西流"。一方面，在虎狼世界的基本国际格局未出现根本性转机的情况下，承认竞争的现实和功用，使社会关系保持适度的紧张，让社会成员尤其是青年人奋发向上，自强不息。另一方面，将过剩的竞争分洪到无害或微害的去处。最后，引一段我在别处谈环境问题时说过的话：

"要针对不同年龄、不同行业、不同阶层、不同（亚）文化群体的不同特点和需求，筹划一种灵活、动态、开放的多元价值体系和文化，各种价值在这里不是互相倾轧、你死我活，而是彼此配合、相得益彰，就像交响乐一样。这样才能使中华民族的发展既保持冲击力又具有感召力，既能赢得眼前又能获得未来。"

环境中的人：做真正的中国人

著名环境作家　徐　刚

各位：

　　我想和你们探讨的一个问题是：人的位置何在？或者说应该如何确定人的位置？我们怎样才能做一个真正的中国人？

　　科学家说，人是万物之灵。

　　哲学家说，人只是一根能思想的芦苇。

　　中国古代的《管子》说，人其实就是水，"人，水也，男女精气合而水流形。"中国的道教有成仙说，佛教有往生轮回说，西方的基督教则告诉我们，人死之后，善人和义人会进天堂，罪人和恶人要受到上帝的审判。人从何来？西方有上帝造人说，中国的古典哲学则认为，一切皆为无中生有，有生以无，人亦不例外。达尔文的"进化论"则持猿猴变人说，但至今仍有不少中外科学家在挑战达尔文，他们认为人是鱼变的，与猿猴相比，人身上有不少特征和鱼相似、相近，比如皮肤，还有猿猴身上的毛怎么进化了的？现在的猿猴怎么进化不了呢？我们假设猿猴在进化的过程中，把一身的毛进化褪尽，人身上为什么在一些特定的部位还有毛发呢？这个毛大有讲究，它也给鱼变人说出了难题，倘若鱼化人，则人便通体光滑，无一毛一发。凡此种种，莫衷一是，其实只是告诉我们：生命的秘密是宇宙之中、地球之上最后的秘密。正是因为这一还没有被当代科技破解的秘密，使人类以及别的万类万物，保留了一点最后的神性、神秘和各自的生存方式，有了生命的多样性以及最后的尊严。我们不知道一只狗和你默默对视，听人说话时的所思所想，而狗的眼睛又是如此美丽，它不会眉目传情，但它听得格外认真，它在听你说话时一直用它美丽的眼睛注视着，其中深意，你不知，我亦不知，狗只是沉默、倾听而已，偶尔会叫几声，它在证明狗是能发声的，发大声。真正不可思议的是，狗开口说话，或者是对主人，或者是成群结队的流浪狗对路人说：我能看见你们所看不见的，我能听见你们所听不见的，我是狗，你是人，你们太贪婪！这个世界会变成什么样？

现在我们可以确定：这个世界上沉默者是大多数。

喋喋不休的，不断重复正确的废话的，用甜言蜜语欺骗同类的，在舌尖上卷起战火、灭了他国的只有人类、人类中那些总想称霸者。

山是沉默的，树是沉默的。山林涛声是风的作用，山与树不会说话，当然我们可以想象说，这是风与山林的耳语，那意思大概是山上有林是应当赞美的，有林的山上会有泉，泉水是清澈的，水中有鱼，林子里有林中路等，那只是想象，就连风也不会说话而只会发出声音。

我们可以说沉默就是无言，大自然中的沉默大多数是构成这一世界巨大而不可或缺的存在。人类因此种存在而存在，却又忽略，破坏大自然的存在。约略言之，此种过失是因为人不知自己所处的位置，人，尤其是中国人丢失了传统文化中"天人合一"的伟大理想之故。因而，能不能说沉默是不言之言？

何以故？我们知道山是物质的，树是物质的，水是物质的，土地是物质的。所有这些物质环绕着人类，人在其中，见山见水见林会有某种心灵的触动，会生出联想，诗人、哲学家、画家以语言或色彩而有所表达，这就有了一个奇妙的悖论：大自然是物质的，大自然不是精神，大自然又充满了精神，但需要人去表述，人所表述的山的精神就是"高山仰止，景行行止，虽不能至，心向往之"。此种移情之述，或为人类中的智者为沉默的大自然代言，在中国古文化中比比皆是。如朱熹的"等闲识得东风面，万紫千红总是春"，如苏东坡的"谁向空山弄明月，山中木客解吟诗"，如程颢的"万物静观皆自得，四时佳兴与人同"，等等。

以上赘言，其实已经说明人的位置的几个要点：其一，人首先是自然的，人依赖沉默的大自然才能生存、发展；其二，作为生命之一种而言，人与蝼蚁无甚差别；其三，人因能为自然代言并汲取了自然之精神的象征后，始成万物之灵。也就是说，人无论如何绝对离不开大自然，人只能在大自然的生态环境中不仅得到物质，而且拥有精神，此人之所以为人而能繁衍生息者也。当今世界是危机包围的世界，种种危机中闹得最凶的是经济危机，对于欧美而言，所谓经济危机至少在某个方面，是在过惯了长久的优厚、福利享受的生活之后，入不敷出，于是举债，美国就是借全世界的钱，包括中国的钱，维持并张扬自己消费主义编制成美国梦的一个国家。如果不是理念的、生存法则的转变，孰能救之？人回到生态环境中本来的位置，我相信各位会和我得出同样的结论：我们的生活太夸张了，我们的物质欲望太膨胀了，我们对大自然的破坏和索取，已经使地球负重不堪、伤痕累累了。世界沉浸在发财、享乐、奢侈的迷幻中，受此影响，我们的孩子正被物质绑架，并远离经典。那么，有什么办法可以使我们摆脱危机呢？第一次世界大战时期，国学大师辜鸿铭先生，面对"只剩下来福枪和混乱的欧洲"，对比中西文明为欧美人上课说："我要唤起欧美人民注意的是，值此世界文明濒临破产的关头，在中国这儿，却有一笔无法估价的，迄今为止毋庸置疑的文明财富。"这就是中国几千年的传统文化、传统教育。辜先生进而论述道，"真正的中国人，拥有欧洲人民战后重建新文明的奥秘"。奥秘何在？"第一条原则，是要相信人性本身是善的，相信善的力量，相信美国人爱默生所说的爱和正义的法则之力量与效用。"怎么去爱呢？爱你的父母，孝敬你的父母，然后广及天下人群、万类万物。关于正义，辜先生的解释是"真实、可信、忠诚"。辜先生还说："在此，我倒愿意警告那些欧美人，不要去毁坏这笔文明的财宝，不要去改变和糟蹋那些真正的中国人。"辜先生并且极有远见而天真地认为，"如果能通过某种途径或手段，来改变欧美式的人，将欧美人变作不需要教士和军警便能就身秩序的中国人，世界将为此而摆脱一种多么沉重的负担。"

一种深长的感叹为：当今之世，我们是真正的中国人吗？台湾已故国学大师钱穆先生在《民族与文化》一书的"近代中国及其前瞻"一章中，论及晚清、辛亥以降之思想流变，西化日盛，打倒孔家店，于是"全国思想之最高领导及其安定中心，已不在国内，而转移到了国外。"这一章的结束处，钱穆先生又重重地感叹说："若先忽忘了自己的传统文化，试问尚有何物，可供吾人之慰藉。"

当今世界，所谓"新人类"、"新新人类"层出不穷的时候，真正的中国人，或者还可称之为"新中国人"与生态文化有什么关系？大体应该是什么样的？依我看，首先是重拾传统与经典文化，从爱与善开始，从孝敬父母，爱家人，再广及朋友、他人，乃至草木走兽万类万物，其中还包括爱自己。从饮酒过度、应酬不断的奢靡之风中脱身，过简单的生活。如是，我们就有一点闲暇，读几本书，从《诗经》《论语》等经典传统中汲取养分，修身养性，欣赏并且享受我们大地上的风景，只有此时此刻，我们才能从我开头讲的这些沉默的存在中，获得精神上的愉悦和崇高，并且会感悟到，至少中国传统文化的一部分是由华夏先人从大自然中获得的，也就是说是从地里生出来的，比如仁、义、礼、智。我们已经无法考证这一"仁"字最早出于谁之口，但可以训诂的是：仁，单人旁，又辅以"二"，可知仁非一人之仁，仁只能对于别人。在人世间，仁来自爱，最初来自男女之爱，夫妇之爱，仁又被称为君子之道，孔子说："君子之道，造端于夫妇，及其至也，察乎天地。"也就是说，男女之爱造就了君子之道，推而极之，广及天地万物。康有为在万木草堂课徒口说何为仁时，又有千致百虑，殊途同归之说，南海称："仁者，生也。""男男不生，女女不生"，仁有二人之义，此二人即为男女、夫妇、阴阳，于是生生不息。康有为还用了一个简单、生动且富有大地生命力的比喻：我们吃水果，吃其皮肉，而弃核，核中有仁，坠于地，生出新芽。我们的森林、草原、田野不就是这样生生不息的吗？可知，先有天地万物之生，然后有男女夫妇之生，先有果实种核之仁，再有男女夫妇之仁，于是君子之道大行其道，造就了中国灿烂辉煌之五千年文明，假如不是数典忘祖，中国今日之文化该是何等气象！

华夏文明，在西方中世纪黑暗混乱时，曾是当时世界唯一之亮光，也被西方人所艳羡，在西方人眼里的东方之谜中，除了心性的温厚、善良、仁爱之外，还有中国的农人和土地，耕种了四千年的土地，怎么还能肥力雄厚，养活越来越多的中国人呢？中国的农人依仗的是什么本事呢？

最后，请允许我给各位讲一个真实的故事，一本名为《四千年农夫》的书。1909 年，美国的土壤管理局局长 F.H.KING 为了解开心中纠结已久的中国的土地和农夫之谜，找到为什么美国的土地开发只百年之后便报酬递减、退化严重的答案，来到了中国农村，实地考核的结论是：中国农人把一切可以用来肥田的物质，包括粪便、生活垃圾、河泥、野草等，均作为肥料，有机质的肥料，施于耕地，改善土壤，增加肥力。不仅农村，大城市如上海，早晨有一道风景，大街小巷都是"倒马桶"的吆喝声，农人把粪便集中用于施肥，此种景象 20 世纪六七十年代依然。有人说不文明，那么拉屎撒尿是文明还是不文明呢？美国当时已经大量施放化肥，再以发达的下水道把粪便统统冲走！这位局长扎扎实实地当了一回中国农人的学生，感慨万千地回到美国，写了这本书，美国土地状况的改变，由此开始。

所有的故事都有各自的结局，这个故事迄今为止的结局是：我们的 18 亿亩耕地不仅日益贫瘠，而且局部已被污染，我们正在大量地以化肥、农药维持粮食增产，概而言之，我们的农人和土地的故事，随着传统文化的断裂衰退了。所幸的是，我们的国家正着力于推进生态建设和环境保护，提出了人与自然和谐的伟大目标，今年又有了发展文化的宏伟规划，所有这一切都是鼓舞人心的，也激发了我做一个真正的中国人、新中国人论的思考。如果作一个概括，这样的中国人是立足于几千年传统之上的仁爱、友善，并使之广及天地万物的清廉、节俭、可持续发展的中国人。

历览前贤国与家，成由勤俭败由奢。祝愿我们的民族、我们的土地小心翼翼地走向辉煌。

环境保护的第三重使命

环境保护部环境与经济政策研究中心主任　夏　光

在不久前结束的中国环境宏观战略研究中，我们提出新时期环境保护具有双重使命：一是改善民生，使人民喝上干净的水、呼吸清洁的空气、吃上安全的食品；二是优化经济，即环境保护要促进转变经济发展方式，提高经济发展的质量。此二者无疑是当今时期环境保护最重要的使命，环保部也多次强调，要把解决影响群众切身利益和影响可持续发展的环境问题作为环保工作的重点。

在这个基础上，现在我们进一步认为，在我国提出推动社会主义文化大发展大繁荣的新形势下，环境保护还担负着第三重使命：重建社会道德，重塑中国人性，建立人与自然和谐的民族信仰。而这一点，以前是未曾明确指出过的。

这个命题包含着两重含义，一是中华民族历史上具有人与自然和谐的优秀文化传统，现在的任务是恢复和发展这个传统，此谓"重建"；二是指环境保护要深入到人的精神世界，塑造以爱护和尊重自然为特征的主流价值观，此谓"人性"。

一、非常重要的使命

当今中国社会出现了比较明显的道德滑落甚至道德危机，连要不要扶跌倒的老人都成了要讨论的话题。在环境方面，同样出现了物欲至上、侵犯公益和以邻为壑的社会心态，因此党的十七大提出"经济增长的资源环境代价过大"，并把它列为我国面临问题和困难的第一条，并非偶然，它表明真正对中华民族生存和发展构成长期威胁的因素，其实是不良的人与自然关系。而经济增长的资源环境代价过大，并非单纯是指物理意义上的环境污染和生态破坏，还包括社会环境意识退化过大，人心不古，这是人的心灵的损害，遗患民族于无形和长久。环境问题的根源深植于我们社会的意识之中，是人性问题，因而解决环境问题的同时也是为了改造我们的人性，此非采取短期对策足以改变，可见环境保护这重使命十分深刻和长远。

人性是一种精神，一种心力。青年毛泽东在《心之力》一文中曾指出人的"心力"（即我们今天所说的"精神"）具有改造社会的巨大能量："世界、宇宙乃至万物皆为思维心力所驱使。博古观今，尤知人类之所以为世间万物之灵长，实为天地间心力最致力于进化者也"，"若欲救民治国，虽百废待兴，唯有自强国民心力之道乃首要谋划，然民众思维心力变新、强健者是为首要之捷径"，即救国之道在于"以国家民族之新生心力志向缔造世界仁德勇武文明之新学"，因此，激发心力乃是拯救社会的万力之本，即"心为万力之本，由内向外则可生善、可生恶、可创造、可破坏。由外向内则可染污、可牵引、可顺受、可违逆。修之以正则可造化众生，修之以邪则能涂炭生灵。心之伟力如斯，国士者不可不察。"在今天看来，环境问题已成为关系中国特色社会主义之成败、执政党执政合法性之存废的重要因素，仅靠政策法规去强制，而无国民心性之再造，断难扭转环境堪虞之局面，故唤醒和培育国民新的自然"心力"，是环境保护固本之道。

二、一项艰难的使命

社会意识的形成有其物质基础，而环境道德的滑落主要源于未受矫正的市场逻辑。市场经济从根本上说是资本运动的过程，而资本的本性是最大程度地逐利，因此，如果对市场缺乏引导和管理，那么长期的市场运行必然导致利润控制一切（即资本成为社会的主要之义——资本主义），包括控制自然，这是一种即使对资本而言都是灾难性的后果。我们看到，最近 30 多年，金钱拜物教的确严重侵蚀了我们原有的道德体系，中华民族所具有的"人地和谐"的儒家自然伦理观，在很多人头脑中已经被"人不为我，天诛地灭"的唯我论价值观所替代。当我们今天想要恢复和重建优秀的自然伦理观时，发现十分艰难，因为冰冻三尺，非一日之寒，长期形成的唯我论自然价值观比较根深蒂固，甚至成为人性的一部分。更重要的是，造成这种价值观的物质基础——未经矫正的市场经济，仍然在强力运行。因此，欲改造我们的人性，必须从改变我们的发展观念入手，这正是提出科学发展观之重要意义的所在。

三、完全可能的使命

我国的国情条件在世界上是十分独特的：一方面，人口众多，资源环境生态压力沉重，国家执政者为了维持巨大人口的生存并提高其生活水平而殚精竭虑；另一方面，我们又拥有延绵数千年的文明发展史，在巨大的人口中蕴藏着极为丰富的生存智慧和应对策略。这种特殊国情使我们中华民族处在人与自然比较紧密而又比较紧张的关系状态之下，并总能在这种并不宽裕的客观条件下克服危机，寻求出路。我国古代很早就形成了天人感应、天地人合一的生态伦理思想，这种古代生态思想缘起于农耕文明，先民们在农业生产中把热爱土地和保护自然的意识逐步演化成"天地人和"的理念，并在实践上创造总结了一整套提高耕作技术的丰富经验，如种植制度上的轮作复种和间作套种，耕作制度上深耕细作，栽培制度上的中耕除草等。"上因天时，下尽地财，中用人力，是以群生遂长，五谷蕃殖"（《淮南子·主术训》）。我国许多农田已开垦耕作了上万年，至今仍然丰产丰收。

在我国历史上的各种生态伦理思想中，最值得重视的是"天地人合一"的生态观，它与古老的农耕文明实践相结合，形成了初始的生态文明。"天地人合一"的基本含义就是人与自然的和谐统一。"天地变化，圣人效之"，"天行健，君子以自强不息"（《周易·乾》），倡导人类应在顺应自然规律的基础上积极地有所作为。我们看到，这种早在 3 000 多年前产生的思想，直到今天仍然具有很好的现实意义。我们现在所倡行的人与自然和谐、可持续发展、建设环境友好型社会等，在哲学根源上可以追溯到这种朴素的自然伦理观。可以说，人类文明实际上是一个"人—自然（环境、生态）—技术—社会"相互促进和良性循环的基本生存体系，虽然现代人类文明具有比古代人类文明复杂和丰富得多的结构和联系，但其基本的要素其实还是这些，这些要素之间必须保持一个合理关系，不能过于失衡，这是我们今天突出强调环境保护具有第三重使命的文化基础。

更为重要的是，中央提出了包括科学发展观、建设生态文明、建设资源节约型和环境友好型社会、构建和谐社会、新型工业化等在内的一系列新的治国理念，这里面都包含了强烈的重建中国自然伦理观的任务，甚至这些治国理念本身就是一系列自然伦理观，它们构成了今天履行环境保护第三重使命的政治基础。把这个政治基础与上述文化基础结合起来，再加上经过长期快速经济发展所积累起来的经济基础，环境保护担负起改造中国人性、重建环境伦理价值观的使命是完全可以实现的。

总之，通过回顾中华民族在长期生态演变中的生存和发展历史，可以得到一个基本认识：中华民族已经先定地处在比较艰难的自然条件下，不可能幻想重新获得优裕的自然条件，因此必须在继承我国人民长期积累的自然伦理思想和丰富生存智慧的基础上，重建环境伦理观，形成符合中国特殊国情的人、自然、社会、技术之间的合理结构，这是环境保护在新形势下担负的新使命。

四、如何实现环境保护的第三重使命

每个国家在不同时代都会提出一些特殊的重大问题，面对这些问题又会产生一些具有特别意义的思想和对策。诚如《中共中央关于深化文化体制改革、推动社会主义文化大发展大繁荣若干重大问题的决定》所指出的，文化越来越成为民族凝聚力和创造力的重要源泉，因此，环境保护所担负的促进社会主义核心价值体系建设、推动社会主义文化大发展和大繁荣的使命，更具有现实意义。

　　环境保护工作一直非常重视和使用宣传教育手段，但其主要是指向推动环境保护工作自身的，这与用环境保护来推动社会主流价值体系建设，在内涵上和意境上还是不相同的，因此，对于环境保护的这重使命，我们并无经验，这是对环境保护工作的新考验和新机遇。为了履行好这重使命，建议环保部抓住第七次全国环境保护大会的机会，制订一项推动环境保护文化发展和道德建设的总体计划，推动一场环境保护文化发展的社会运动。这个计划总体上可包含以下内容：

　　第一，要确立环境保护在执政理念中的基础和首要地位，形成环境友好型的执政观、政绩观。

　　现在环境保护已经以建设生态文明的形式进入了党的执政观念之中，形成了由物质文明、精神文明、政治文明和生态文明构成的相对比较完善的执政理念体系。说相对比较完善，是因为将来还可能有其他某个方面的理念加入进来（例如，党的十八大可能提出"社会文明"的概念）。但在这个执政理念体系中，生态文明只是四者之一，还没有居于基础的地位，而其应该是在四者之中居于基础和首要地位的，因为自然因素是人类一切活动的基础，这些自然因素在农业时代主要是指土地，而在现代工业时代，则包括了土地、矿藏、环境、生态、气候等，它们都是自然资源。而之所以要把它们放在首要地位，是因为它们是越来越稀缺的自然资源，物以稀为贵，应居于"贵宾席"，尤其在我国这样人口多而自然条件并不优越的国家，更应该确立环境等自然要素的首要地位。

　　这样的自然伦理观，目前还远没有成为各级执政官员的基本认识，因此，必须通过教育、培训、灌输、影响等多种方式重新塑造他们的观念。同时更重要的是，要改革对各级干部的考核任用办法，让环境意识高和科学发展业绩突出的干部得到升迁，这样才能改变各级干部的政治预期，形成符合科学发展观和生态文明要求的政绩观。

　　为了促进形成符合科学发展观和生态文明要求的执政观和政绩观，环保部门要多向中央进言，即多向中央阐明环境保护对于改善人民福祉、促进转变经济发展方式和重新塑造中国社会道德的重要作用，提供实现这些使命的政策建议，主动担负引领生态文明建设的重任，并提出增强环境保护能力的合理要求。而要做到多进言，必须较大幅度地增强环保部门的话语权能力，特别是加强环境保护的政策和理论研究。长期以来，环保部门的政策和理论研究力量一直是比较薄弱的，这与我们没有认识到环境保护具有"重塑人性"的第三重使命有关。现在为了增强向中央进言的能力，应该统筹和加强这种能力，特别是建设强有力的政策研究机构。

第二，要强化企业的社会责任感和荣誉感，在经济领域形成"保护环境引以为荣"的道德风气。

对日本环境保护比较了解的人士都有一个很深的印象，就是普遍来看，日本企业家具有一种根植于内心的环境保护意识，在他们看来，遵守环保标准并非仅是出于对法律的尊重，而是一种天经地义的道德要求，那些环保做得不好的企业家，有内在的耻辱感，在同行面前没有面子，就像被人认为没有教养一样。相比较而言，中国的企业家中，也有很多人具有强烈的环境意识，但从普遍的情况看，还没有成为一种共识性的文化现象，还有很多人是出于被迫而遵守环保法律要求，在他们内心，能躲过环保检查反而成为一种"精明"的象征，这与那种把环境意识内化为自己意识形态的境界相比，显然是不同的。这种情况与发展阶段有关，中国一直处在工业化的初中期阶段，企业家环境意识也是以此为基础而逐步发展的，因此，出现这种"被迫环保"的心态是可以理解的。现在当我们进入到以转变经济发展方式为主线的新时期后，建立一种以生态文明为特征的新的企业意识形态就成为非常现实而非遥远的需要。

强化企业的社会责任感和荣誉感，非常重要的一项措施是向企业家提供一种具有强烈说服力的环境思想体系，促进企业家们形成环境"信仰"。这种能成为企业家信仰的环境思想体系要针对企业家这个群体的特性来构建，主要应包括以下几个方面：

一是对企业家进行环境知识启蒙教育，使企业家认识到环境是经济利润的来源之一（属于绝对地租和级差地租的一部分），使用环境并非是天然免费的。现实中，确实有人认为很多公共资源是天然免费使用的，例如有的施工企业未经任何申请就自然而然地开工使用具有强烈噪声的施工机械，并非他们故意违规，而是在他们看来，在其工程地界内可以自由行动，不知道宁静环境是一种公共资源，这说明这些企业缺乏环境法规知识，进而缺乏环境意识，需要对他们传播环境知识。

二是向企业进行可持续发展教育，说明环境的可持续性是企业利润的长期保障。这实际上是向企业说明环境保护可以优化经济发展的道理，因为环保要求主要是产生一种良性的长期激励，促进企业调整结构、更新技术和改善管理，这是企业竞争力的主要来源之一，在企业竞争力理论中称为"责任竞争力"，又称"波特假说"，即由于企业承担社会责任而提高了自身素质，从而提高了竞争力和公司业绩。国际上有名的大公司，如索尼、通用等都是通过改善环境管理而提高竞争力的典型，他们把这种策略称为"环境营销"。

三是通过荣誉激励激发企业家的环境"慈善"之心。企业家并非都是唯利是图之人，他们中大部分都具有正常的人类情感。恻隐之心人皆有之，企业家也对社会和环境具有慈善之心，国家应有相应政策激发之。环境慈善是企业在履行了自身应该承担的环保责任之后另外对环保公益事业所作的贡献，包括捐献、资助、扶持、合作等多种形式。相应的鼓励政策应包括授予荣誉、建立基金、提供待遇、给予回报（如冠名等）、进行宣传等，具体策划，不一而足，关键是要解放思想、改革陈规，通过制度创新而鼓励更多的企业家成为环境慈善家。给予企业一定的环境荣誉是必要的，因为这有利于形成良好的企业家群体氛围，形成有益的企业文化，从而感染更多的企业家，如同洁净的环境会使进入这个环境的人们自然地整肃自己的行为一样。

四是通过政策法规引导企业发展绿色经济。企业家重视和追逐利润是合理和应该的，环境保护也是可以产生经济效益的领域之一，因此，以生态文明为特征的企业意识形态，包含了对经济利润与环境保护共赢的含义，也包含了从保护环境中获得经济利益的意义。环境意识与企业利益相一致，有利于培养具有自觉和强烈的环境意识的企业家群体。应通过环境宣传和政策引导，使企业更多地进入到循环经济、环保产业、低碳经济等绿色经济之中来，这些政策包括建立循环经济基金、降低环保产业税负、补贴清洁能源开发、提供清洁生产技术等。

总之，建立针对企业家群体的环境思想体系，是我们重塑社会环境价值体系的重要环节，尤其是现在处于市场经济（其内在逻辑是资本占据社会的主动地位）向深度发展的时期，培养企业家的环境道德价值体系对社会尤为重要。这种思想体系同时强调企业的环保义务、责任和机遇，这样做既是为了公益，也是为了企业自身，因为如果企业环境道德崩坏而引起社会愤怒或导致环境事件，其不利后果最终仍会反弹到企业身上。最后，企业环境意识的形成同时也需要借助于惩治的手段，如同交通法规的处罚条款是养成驾驶员交通安全意识的必要途径一样，这与正面激励是相辅相成的，这一点在环境保护的第二重使命——优化经济发展中，体现得更加明确。

第三，要推进环境教育创新，培育现代环境公益意识和环境权利意识，逐步形成 "生态文明，利益相关，匹夫有责"的社会主流风气。

保护环境和建设生态文明是一项重大的社会运动，公众是其赖以发展的主体力量，我们不能设想离开了公众的参与和努力，仅靠政治领导力量和社会精英的推动就能实现生态文明的重大目标。但公众并不总是先知先觉者，他们也需要关于生态文明和环境保护的启蒙和教育，才能承担其推动这个社会运动发展的重任。"马克思主义一旦掌握了群众，将变成无穷的力量"。这个启蒙和教育的过程可以依靠自我觉醒和自我教育，但主动和普遍的环境保护和生态文明知识传播与教育无疑将加快其觉醒和成熟。

先进的环境意识是长期培育和积淀的结果，而环境教育在我国是有传统和有优势的，"环保工作靠宣传起家"，现在的问题是要在这个基础上把环境意识进一步凝聚成环境保护的文化体系，作为大众主流的环境保护意识形态，成为社会主义核心价值体系的一部分。这种坚定和强大的文化将产生不亚于法律强制的巨大力量，推动实施"以德治国"的国家战略。在这方面，需要进行更多的工作创新：

一是发掘我国传统文化中的生态文明思想，修复现代经济发展过程出现的文化断层。向全社会特别是青少年一代进行传统文化的再教育，让他们知晓生态文明的"根"也深植在中华文化之中，从而恢复国民对传统生态文明思想的认知度和自豪感。

二是进行现代文明修为教育，促进全社会养成以尊重自然、回归天性为特征的现代时尚意识。既要培养大众的生态文明情趣，也不反对进行贵族教育和精英教育。"三代培养一个贵族"，高、中、低不同层次教育同时推进，向社会提供各取所需的环保文化"套餐"。环境教育"从娃娃抓起"，把环境保护内容纳入各级学校道德教育和成人文明教育体系，"观乎人文，以化成天下"（《易经》）。

三是启发公民的环境权益意识和法治意识，形成持久的、支持环境保护的社会力量。通过广泛的法制教育，让公众知晓和掌握环境权益和环保约束的法律规定，鼓励通过合法途径维护环境权益。不断修改完善环保法律体系，扩展社会环境权益。

四是繁荣环境公益文化创作，承担引领社会意识、推动社会进步的职责。鼓励倡导生态文明的文化作品出版和传播，尤其要把环境意识普及的工作更多地纳入到主流传播系统之中去，增强媒体的社会责任感。

五是增强环境保护文化建设的能力，造就一支研究、创作、传播文化产品的强大队伍。加强对推进环境保护文化建设规律进行深入研究的力量，必要时成立环境保护文化研究和创作机构。探索发展环境保护文化产业。培养更多的环境保护文化建设后起之秀，特别是吸引青年一代源源加入环保文化建设。

六、生态文明建设典型经验

以民为本　建设生态文明

中山市人民政府　方维廷

近年来，我市深入贯彻落实科学发展观，加大环境保护力度，在全市经济快速增长的情况下，全市空气、地表水、饮用水质、声环境等仍然保持在良好的水平。我市的环保责任考核连续五年排名全省前列，珠江综合整治获得"八年江水变清"优秀城市称号，"十一五"期间连续三年总量减排考核排名全省前列，18 个镇创建全国环境优美乡镇通过环境保护部的考核验收，2011 年获得"全国生态市"荣誉并通过"国家环境保护模范城市"的现场复核，复核组认为我市创模重过程、求实效，重点突出，各项指标基本达到考核要求，我市深化创模成果的工作和过程在广东省环境保护工作中发挥了先行先试的示范作用，为珠江三角洲地区环境质量改善起到引领作用和为提高生态文明水平起到了重要表率作用。主要做法是：

一、以生态示范创建为抓手，把生态环境保护由城区向乡镇推进

一是以创建全国环境优美乡镇为"细胞"工程，加强农村环境生态保护，推进社会主义新农村建设。我市把创建全国环境优美乡镇的任务落实到每一个镇，为确保这一目标的实现，经市人大审议，市政府颁布了生态市建设规划，成立了生态市建设领导小组。市长与领导组各成员部门及各镇区的主要负责人签订了责任书，形成了"党委、政府负责，人大、政协监督，环保部门协调推进，相关部门分工配合，全社会共同参与"的生态市创建工作机制。市环保局成立了以局长任组长的创建专责小组，具体指

导各镇区开展创建工作。

二是以创建全国环境优美乡镇为契机，全面启动生态示范村工作。市环保局起草并由市政府印发了《中山市农村小康环保行动计划》和《中山市市级生态示范村建设实施方案》，每年创建 3～5 个市级生态示范村。通过加强生态示范创建，加大农村环境综合整治力度，采用集中收集污水处理与分散收集处理相结合的方法，巩固内河整治成果，解决生活污水处理问题。投入 13.01 亿元综合整治内河 1 605.2 公里，清拆违章建筑 25 万平方米，堤岸绿化 30 万平方米，治理直排式厕所 3 952 个，治理率达 100%，投入 40 亿元建成中心城区和小榄镇等 20 个污水处理设施，全市污水处理能力 95 万吨/日，全市生活污水处理率达 87.5%，促进了城乡生态良性循环，为构建社会主义和谐社会提供环境安全保障，为中山创建国家生态文明城市奠定坚实的基础。我市镇镇建成生活污水处理设施，被黄华华省长批示在珠江三角洲推广。

三是建立以"村收集、镇储运、市处理"的组团式生活垃圾综合处理基地，彻底解决生活垃圾处理出路。投入 23.81 亿元建设日总处理能力 3 100 吨的北部、南部和中心三大组团垃圾综合处理基地，对全市 24 个镇区的垃圾实施减量化、无害化和资源化处理，逐步形成了以三个组团式垃圾综合处理基地为支点和若干垃圾收集、转运站为骨干的中山市新型城镇垃圾处理系统框架，妥善处理了生活垃圾问题。目前，中心组团和北部组团垃圾综合处理基地已投入使用，南部组团垃圾综合处理基地已动工建设，将于明年上半年建成使用。同时投入近 10 亿元（不含土地费）建设综合性固体废物处理中心，将于明年建成运营。投入 1 200 多万元建成医疗垃圾集中焚烧厂，日处理规模达 10 吨，全市危险废物 100% 转移到省统一定点基地处理。

四是推进生态环保工程，构建生态屏障。我市生态建设着眼于民生，着眼于基层，着眼于从生态环境方面提升人民群众的生活水平和生活质量。近五年，累计投入资金近 170 亿元推进石岐河综合整治工程、生活污水处理设施建设工程、生活垃圾综合处理基地建设工程、五桂山生态保护区建设工程等 12 项生态环保工程，使我市生态环境质量得到有效改善和提升，生态安全保障体系基本形成。投入 1 290 多万元，在沿海滩涂种植红树林 4 300 亩，计划再投入 4 000 万元扩至 1 万亩，构建沿海生态屏障，丰富生物物种资源。在土地资源紧缺的情况下，设立占全市 1/9 土地面积的五桂山生态保护区，全市绿化覆盖率约 39%。建成一批国家和省级现代化农业示范区，近四成村整村成为国家无公害农产品产地，让市民都吃上放心农产品。

二、落实措施，把生态建设由发展为先推向以民为本

（一）加大投入，扶持政策到位

为加快镇区生活污水处理设施建设，我市实施财政补贴和贴息政策，对镇区生活污水处理设施工程予以扶持，按 400 万元/万吨处理能力标准给予补贴。对镇区贷款资金部分予以 50%贴息，时间 3 年。生活污水处理厂及收集配套管网建设项目免交城市基础设施配套费，建设用地免征城镇土地使用税。加大对经济困难镇建设污水处理设施的支持力度，对神湾、民众、阜沙、大涌等镇增加免息借款各 2 000 万元，港口镇增加免息借款 1 000 万元，借款期限 2 年。累计财政补贴、贴息及借款总额达 5.9 亿元。

（二）加强监控，落实治污减排工作

建立节能减排统计、监测、考核三大工作体系，采取工程减排、结构减排和监管减排相结合的方式推进节能减排。2010 年化学需氧量和二氧化硫减排量均超额完成省下达的年度总量减排目标。投入 4 800 万元建成重点污染源全天在线监控系统，所监控的污染源占全市污染负荷的 80%。投入 3 600 万元建设机动车尾气、河流水质、空气质量在线监控系统。

（三）开拓创新，建立完善的工作机制

从 2005 年起，采取与水费捆绑收费形式开征生活垃圾处理费；生活垃圾焚烧发电厂和医疗垃圾焚烧厂实行 BOT 模式，引入市场资金解决建

设资金问题；实行按住院床位征收医疗垃圾处理费，由市医疗废物集中处理基地接收全市各医疗单位的医疗垃圾进行无害化处理；出台工业污染源"进园进区"规划并要求污染企业限期迁入，在小榄、民众、三角等镇建设五金电镀、印刷、制线漂染等多个行业的集中处理区和污水处理设施。

（四）政府重视，环保能力不断增强

市委、市政府高度重视环保工作，环保能力建设不断提高，具体体现在：一是全市 24 个镇区均在 2007 年组建了副科级环保分局，成为市环境保护局派出机构，现有工作人员近 300 名。二是市环保队伍不断壮大，市环保局现有人员编制 191 名，大学本科以上学历占 80% 以上，内设 6 个科室，以及监察分局、监测站、环科所等部门，局领导职数由原来的 4 人增加到 8 人。三是建设重点污染源、环境质量在线监控系统工程，完善环境监测预警系统。投入 4 800 多万元建成监测大楼和监控中心大楼，完善配置专门的仪器设备，投入 480 万元为每个镇区购置环保执法专用车。

三、巩固生态建设成果，加快推进生态文明建设

我市生态建设方面取得了阶段性成果，在此基础上，市领导高度重视，将加快生态文明建设步伐。目前，《中山市生态文明建设规划（2010—2020年）》通过了由环保部主持的专家论证会，并通过市人大审议，市政府已颁布《中山市生态文明建设实施方案》。我市把绿色发展作为生态文明建设的核心理念，遵循"环境优先、空间优化、低碳引导"三大战略，推进产业转型升级，构建低碳经济体系；统筹城乡环境安全，构建健康环境体系；倡导绿色生活方式，构筑宜居生活体系；强化绿色理念宣教，构建和谐文化体系；完善绿色行政，建立高效制度体系。

（一）推进产业转型升级，构建低碳经济体系

一是优化产业结构。加快落实市委、市政府"三个一百"战略，积极引进优质项目促进产业转型升级。二是发展绿色工业。强化企业节能降耗改造，进行结构调整、技术创新和污染防治，加大淘汰落后的生产工艺和

设备，探索建设国家级生态工业园区。三是提升生态农业。依托不同镇区的农产品特点，引导和提倡以"品牌农业"，形成中山市"一镇一品"的特色农业，建立生态农业园区，推进"一带、两区、十基地"的农业现代园区建设，推动农业产业化发展。重点发展无公害、绿色、有机农产品生产。四是引导绿色服务业。完善适应生态旅游发展的宾馆、酒店、餐饮等旅游配套服务体系。

（二）统筹城乡环境安全，构建健康环境体系

一是构建自然生态安全格局。继续建设五桂山生态保护区，全面实施《中山市五桂山生态保护规划（2007—2020 年）》。二是强化总量控制和污染防治。完善现有 20 个污水处理厂收集管网和推动二期处理设施建设，全面推进内河涌环境整治，优先整治与水环境功能目标差距大、污染严重的内河涌。三是提升环境监管能力。建立中山市生态监测网络，加强生态保护区的生态监测。增加市环境监测站的辐射和土壤环境监测能力。建设环保业务信息系统网络平台，推进环境监管信息一体化平台建设。

（三）倡导绿色生活方式，构筑宜居生活体系

一是景观生态和绿地系统建设，合理布局区域生态系统，构建人与自然和谐的自然生态景观。二是加快市域绿地系统建设，逐步形成"一环、二核、三廊、多楔"的中山市绿地系统。三是倡导低碳环保的生活方式，鼓励和推广节能、节水生活器具的使用。鼓励使用节电型电器和照明产品，研究制定阶梯式电价和水价政策，在保障公平和效率的基础上，提高市民节能节水积极性。开展节水型机关、企业（单位）、社区创建活动，形成全社会节约用水的良好氛围。引导节约、健康、均衡的餐饮习惯。

（四）强化绿色理念宣教，构建和谐文化体系

一是加强宣传力度，健全公众参与制度。设定中山"生态文明城市日"，制定生态文明宣传方案，利用中山电视台、中山电台和《中山日报》，营造生态文明建设的舆论氛围；制作印发《中山市生态文明建设公民行为手册》，规范公众行为。二是建立生态文明教育机制，开展生态文明课堂

教育。三是深化绿色创建工作，积极开展绿色小区、绿色学校等绿色细胞创建活动，力争每年创建 10～20 个绿色小区和绿色学校。落实村级"以奖代补"政策，加大市财政对生态村建设投入力度，力争每年创建 15～25 个市级生态村，不断改善农村环境质量。

（五）完善绿色行政，建立高效制度体系

一是推进绿色政府建设。大力推行政府绿色采购，实行绿色准入制度，完善环境标志产品认证制度和绿色采购清单制度，组织"节约型机关"创建评选活动。二是建立五桂山生态补偿机制，为五桂山生态保护提供政策支持和稳定的资金渠道。三是完善绿色考核机制。建立政府领导环保目标责任政绩考核制度，把生态文明建设指标纳入政绩考核范围，将生态文明建设指标完成情况作为考核领导干部政绩的重要内容，逐步提高生态环保工作指标在政府绩效考核中的分值比例。

今后，我市将继续推进生态文明建设，为建设"低碳、健康、宜居、和谐、高效"的生态文明城市作出自己的贡献，不断把"三个适宜"新型城市建设推向新阶段，把孙中山先生的故乡建设得更加和美幸福！

生机和活力的加速器
——浙江省杭州市产业绿色发展

浙江省杭州市副市长、研促会创建促进委委员　张建庭

一、杭州市产业发展概况

"十一五"期间，杭州市委、市政府就提出了"发展现代农业、提升传统工业、适度发展先进制造业和大力发展现代服务业"的产业转型升级构想，整个"十一五"时期是杭州产业转型升级最快的时期。杭州还坚持"环境立市"战略，切实推进循环经济"770工程"，打造"低碳、绿色杭州"，积极调整经济发展模式，并取得明显成效。

——产业结构的高级化演进。三次产业实现"三二一"的历史性跨越，三次产业比例由2005年的5.0∶50.8∶44.2调整为2010年的3.5∶47.8∶48.7，第一产业所占比重下降明显，第二产业比重稳中有降，第三产业比重上升4.5个百分点。经济增长由二产带动为主，向二、三产业"双轮驱动"转换，先进制造业和现代服务业共同推动经济增长的格局基本形成。

——经济增长驱动要素实现了阶段性转换。从驱动要素来看，杭州经历了从改革开放初期到1992年资源驱动型增长阶段、1993—2003年的资本技术驱动型增长阶段，以及2004年以来的资本、技术、智力融合驱动阶段。以知识分子创业、文化人创业为主要特征的和谐创业方兴未艾，杭州成为全国科技创新力最佳城市。

——产业层次高端化升级的趋势基本确立。休闲观光农业成为新的发展亮点，农业龙头企业和专业合作社快速崛起。重型化趋势明显，以汽车整车制造和生态化工两大产业为代表的新型重化工业成为杭州新的发展

重点。高新化特征突出，依托"信息港"和"新药港"建设，信息产业和医药产业形成新的产业优势，新能源产业成为未来战略增长点。生态化趋向显现，以节能减排为重点，推进能源资源节约和环境保护，实现工业发展模式创新，取得较好的成效。

——产业空间布局的集聚化特征更加清晰。以优势特色农业产业带、都市农业示范园区、特色农业基地为载体的特色农业迅速兴起，"三大农业圈层"的格局已基本形成；通过对开发区的整合提升，工业的"低、小、散、乱"格局得到改善，开发区、特色工业功能区逐步成为杭州工业的主要空间载体；在"退二进三"政策引导下，杭州中心城市综合服务功能进一步强化，以钱江新城、商贸特色街区、软件园等为标志的现代服务业空间形态逐步形成，城市产业空间布局正由分散无序向集聚有序转变。

杭州已初步形成了具有自身特色的转型升级路径。概括起来是"四个坚定"：坚定不移推进体制创新，这是经济转型升级的前提保障；坚定不移推进产业结构调整，这是经济转型升级的关键环节；坚定不移加强自主创新能力建设，这是经济转型升级的根本支撑；坚定不移实施可持续发展战略，这是经济转型升级的必由之路。

二、杭州市生态经济建设情况

经济发展方式的转变是生态文明建设的命脉。它以循环经济理念为指导，以产业转型为核心，以技术创新为抓手，积极推进资源耗竭、环境污染、生态退化型的物态经济向资源节约、环境友好、社会繁荣型的生态经济方向转变，促进生产方式由产品导向向功能导向、链式经济向网络经济、厂区经济向园区经济转型。

根据《杭州市生态文明建设规划（评审稿）》以及《生态文明建设三年行动计划》，我们将力争通过十年努力，把杭州建设成为长三角的生态文明传承与创新引领区、国家生态文明建设先行先试区和国际生态城市最佳实践区。最终将杭州打造成为以人为本、社会和谐的"生活品质之城"、绿色循环低碳高效的"生产创新之城"、青山秀水刚柔并济的"生命活力之城"、城乡融合互促共生的"生态统筹之城"。

"十二五"期间，杭州将从现有产业基础出发，坚持以自主创新为中心环节，以产业高端化为战略导向，以创新性、知识性、开放性、融合性、集聚性、可持续性为主要特征，全面构筑制造与创造相互促进、制造业与服务业相互配套、工业化与信息化相互融合的"3+1"现代产业体系。至2015年，循环经济形成较大规模，清洁生产普遍实行，生态经济成为杭州经济发展的主导模式，基本形成高附加值、高效率、低消耗、低排放的产业结构。服务业增加值占地区生产总值比重达到54%，规模以上高新技术产业销售产值占工业销售产值的比重达到35%。

——科技引领，推动产业转型升级。加快构筑现代产业体系，大力推进以十大产业为重点的现代服务业和战略性新兴产业发展，加快构建制造与创造相互促进，制造业与服务业相互配套，工业化与信息化相互融合的具有杭州特色的现代产业体系。

实施"服务业优先"战略，推进经济结构从制造业为主向服务业为主转型，加快建设长三角南翼现代服务业中心。充分发挥杭州文化、艺术、环境和人才的优势，全面推进有杭州特色的文化创意产业发展，把创意经济作为拉动经济发展的主要力量，努力打造文化、创业、环境高度融合的全国文化创意中心。充分发挥杭州旅游资源优势，深入实施"旅游国际化"战略，大力整合以"三江四湖一山一河一溪三址"为重点的旅游资源，重点打造以观光游览、休闲度假、会展商务为核心的多元化旅游产业体系，全面提升杭州旅游的国际国内竞争力，推进"国际重要的旅游休闲中心"建设。

加快发展新能源、新材料、生物技术、高端装备制造、新一代信息技术产业、节能环保等战略性新兴产业，构建"一城两区三带多点"的新兴产业空间格局，至2015年，新能源、新材料、生物、新兴信息、节能环保、高端装备制造业实现产值13 000亿元以上，形成一批实力强的重点产业集群，培育一批带动力强的骨干龙头企业，打造一批具有国际知名度的名牌产品，拓展一批各具特色的发展平台，使杭州成为省内引领、长三角前列、国内重要的战略性新兴产业基地。

——优化布局，加快产业集群发展。加强创新载体建设，加大对企业孵化平台、创新基础设施平台、信息资源共享平台、科技成果转化交易平台、区域性技术服务机构等创新平台和载体的扶持。加快建设大江东产业集聚区、滨江科技城、城西科创产业集聚区、钱江科技城等科技创新型产业园区，加快建立以企业为主体、市场为导向、产学研相结合的区域创新体系。

以国家级开发区和省级开发区为主平台，以环境资源承载力为基础，加大杭州经济技术开发区、杭州高新技术开发区等国家级开发区和钱江开发区、富阳、建德等一批省级开发区（园区）的优化、调整、扩容和提升，加快先进制造企业集聚。

加快推进以中央商务区、旅游综合体和特色商业街区为重点的现代服务业集聚区建设。以"十大"创意产业园为重点，建设创意产业集聚区。建设西湖风景名胜区、千岛湖旅游休闲区、天目山旅游度假区等旅游集聚区。以经济开发区、高新区、江东等工业区为依托，发展综合性生产服务集聚区。以城市综合体、商务写字楼、中小企业孵化器和高标准厂房等为主要形态，积极挖掘楼宇经济潜力。

——绿色高效，大力发展循环经济。全面推行清洁生产审核，加强对印染、造纸、化工等重点行业和企业的清洁生产和循环经济审核，做好节能、节水、节电、节材和资源综合利用，对年综合用能3 000吨标准煤以上（或年用电量300万千瓦时，或变压器增容500千伏安以上）的固定资产投资项目严格执行节能评估和审查制度。积极开展"绿色企业"创建工作，建设和培育企业内部产业生态链和企业之间的生态产业链。发展企业生态文化，建立产品生命周期管理，提升和改进生产工艺，实施技术革新，建设一批工业循环经济示范企业，发展一批低碳发展模式企业、废水零排放企业。

大力实施工业园区生态化改造，紧紧依靠科技创新，大力发展以绿色化工、无水印染、新型造纸等为特色的循环经济，建设一批工业循环经济示范企业和示范园区。以"节能、降耗、减排"为方向，以循环经济、低碳经济理念为指导，全面开展工业园区生态化建设与改造。

试点开展服务业集聚区生态化转型。开展服务业的节能减排和清洁生产审核，推进文化创意园、城市综合体、物流园区、旅游度假区等现代服务业集聚区的生态化建设与改造，强化其生态服务功能。通过生态文化理念创新，生态产品设计，推广基础设施生态化改造及建设，培育一批低碳、环保、生态的现代服务业集聚区。

——战略西移，打造高端服务新天堂。以"一湖"（千岛湖）、"两山"（黄山、天目山）、"三江"（新安江、富春江、分水江）、"四线"（杭徽高速、杭新景高速、杭千黄高速及黄杭高铁）沿线的世界级自然及人文景观为依托，强力开发包括临安、富阳、桐庐、建德和淳安五县市行政区域在内的大杭西生态经济。

以观念更新、体制革新和科技创新为切入点，建立一批生态经济产业园区，通过强化完善生态规划、活化整合生态资产、孵化诱导生态产业、优化升华人力资源去系统运筹、重点示范、整体推进西部腾飞。东部八区、政府各部门、规模化相关企业与西部五县对口帮扶，将西部开发作为东部产业转型和资源拓展的飞地，做到对象落实、政策落实、组织落实、资金落实、规划落实、目标落实、指标落实。西部各县也把东部对口单位作为产业、科技、人才和管理升级的依托。

以生态经济功能区为单元，将单一的农业生产功能转变为产品、服务、文化和环境一箭四雕，一、二、三产业一条龙的复合生态产业，综合考虑城市的环境、经济、社会效益，实行统一规划、统一开发、统一建设、统一市场、统一环保、统一管理、统一审计。实现活化山水生态环境，强化生态休闲经济，美化村镇生态人居，优化生态文明管理的系统目标。

三、绿色发展中的政府作为

杭州市将深入实施"环境立市"战略，将加强环境保护、建设生态文明作为加快经济转型升级的重要途径，摆在更加突出的位置，进一步将低碳发展理念融入经济社会发展的每一环节，建设生态型城市。

——做好统筹规划。对接国家产业振兴规划，制定实施好重点行业转型升级行动方案和各类园区发展规划，加强与国民经济和社会发展规划、土地利用总体规划、城乡规划、主体功能区规划等规划的衔接，前瞻性地规划并建设一批能源、交通、物流、污水处理等重大基础设施。

——加强组织领导。切实加强对产业结构转型升级、生态经济发展工作的组织领导和统筹协调，解决转型升级中的重大事项，推进落实重大项目。针对部门推进产业转型升级的进展情况开展考核评估和督察。

——完善体制机制。推进继续深化转变经济发展方式的综合配套改革，完善生态补偿机制，深化资源要素价格市场化改革。运用土地、资金、能源、环境资源等要素的配置杠杆，调节引导产业的转型升级。

——加大资金支持。围绕产业布局调整和优化升级、重大产业项目投资、重大技术改造、自主创新、品牌创建、重大兼并重组、节能减排和人才引进培育等重点领域，统筹安排杭州市各产业部门专用财政资金，加大整合力度，同时充分发挥科技银行、担保公司、风险投资机构、创业投资基金等创新金融载体作用。

走绿色发展道路　建生态宜居城市

江苏省南京市人民政府副市长　华　静

尊敬的各位领导、女士们、先生们、朋友们：

大家下午好！

十分高兴应邀参加此次"中国生态文明研究与促进会"第一届（苏州）年会，这为我们提供了一次学习借鉴、交流探讨的难得机会，对推进南京绿色发展、建设生态城市具有重要意义。在此，我谨代表南京市政府对年会的召开表示热烈的祝贺！

南京，是一个有着 2 500 年建城史的历史古都和文化名城，其山水城林浑然一体，以钟灵毓秀的自然生态环境而闻名遐迩。南京作为一座向现代化迈进的特大型城市，肩负着加快工业转型和加强生态保护的双重任务。为此，市委、市政府提出建设"国际性现代化人文绿都"的总体目标，在全市经济与社会发展中坚持生态为基、环保优先的战略方针，坚定不移致力于建设生态城市。

"十一五"以来，全市环境保护直接投入累计超过 600 亿元，先后实施了秦淮河、中山陵、明城墙风光带、滨江风光带等一系列重大的区域性环境综合整治与生态建设工程，全市环境基础设施建设力度空前，生态功能明显加强。南京市已先后获得国家园林城市、国家卫生城市和国家环境保护模范城市、全国文明城市等国家级荣誉称号，获得联合国环境规划署"最佳人居环境特别奖"和住建部"中国人居环境奖"称号，成功举办了第十届全运会和第四届世界城市论坛，并成功获得第二届世界青奥会的主办权。

"十二五"期间，南京将更加突出"低碳、绿色、节能、环保"理念，实行"国内最严格的环境保护制度，国际最先进的环境准入标准"，充分运用环境资源的约束倒迫机制，走创新驱动、内生增长、绿色发展的道路，促进发展转型。积极发展绿色低碳产业，推行绿色低碳的产业发展模式；充分考虑环境功能和环境承载能力，推行环境友好的城市发展模式；打造全国一流的城市生态和人居环境，推行自然、经济、社会的和谐发展模式。坚定地走可持续发展道路，努力把南京建设成为"青山常在、碧水长流、空气清新、市容整洁、环境优美"的绿色生态城市。

一、以更高要求，全面加大环境治理力度

坚持把环境保护融入城市发展的各个层面和每个环节，以改善环境质量为根本目标，突出抓好重点流域、区域的环境综合整治，不断提升城市生态功能品质，改善人居环境质量。

1. 发挥环境宏观引领作用

按照国际一流标准、先进理念，充分发挥规划的战略引领作用，统筹协调环境、能源、资源等公共产品的配置，统筹协调政府、企业和公众等不同群体的利益，统筹协调产业发展和城市扩张的空间布局，加快形成生产、生活、生态等功能更为合理的城市发展格局，优化城市生态功能，提升城乡环境品质，维护区域生态安全。

2. 大力实施蓝天行动

全面整治工业废气、工地扬尘、机动车尾气、三产油烟等大气污染。加强工业废气污染治理，对重点工业集中区，采取集中治污、关停并转、搬迁置换、生态防护等措施进行综合治理。坚持推行"绿色施工"标准，提高道路机扫率，实现扬尘的有效控制。深入治理机动车污染，实施提标准入和油品升级工程，推进区域限行和淘汰更新措施，发展绿色公交，推广清洁燃料。实现大气污染物总量显著下降，灰霾减少、蓝天增加、空气清新、群众满意的目标。

3. 积极推进清水工程

按照全市域、全覆盖和适度超前的原则，加快推进以污水、废气、垃圾处理设施为重点的环境基础设施建设。进一步统筹城市、城镇污水处理厂的布局、规划和建设。加快实施城市雨污分流工程和河道清水工程，推行中水回用和雨水利用。通过实施引水补水、清淤疏浚、湿地恢复、景观建设等生态修复工程，对水体实施"休养生息"。确保饮用水水源持续安全、优良，基本消除城市河道黑臭现象，积极营造"水系畅通、水清岸绿、景观和谐、人水相亲"的城市水环境。

4. 推进生态南京计划

坚定实施"绿色南京"战略，建设优良城市生态系统，使重点生态功能区得到有效保护，生态安全得到有效保障。重点打造"一核六片"生态核心区，构建"四横两纵"城乡一体化的生态网架，重点建设 "一园、四带、五片、一百个小游园"城市绿地。以无害化、减量化为目标，推广生活垃圾分类收集、处置和资源化利用。大力开展清洁能源、绿色交通建设，推进建筑节能改造、试点建设生态城区，全面改善人居环境。

二、以最严标准，推进产业转型发展

南京作为重化产业基地，重工业在工业中占比较高。因此，必须实施国际最先进的环境准入标准，落实国内最严格的环境保护制度，走出一条南京特色的转型发展、绿色发展道路。

1. 提升环境准入标准

针对日益严格的资源环境约束，必须以最严的环境标准倒逼产业发展转型。我们将加快制定严于国家标准、处于国际先进的环境准入标准，大幅提高化工产业的环保门槛，并形成南京的产业发展政策。在考虑投资、效益的同时，以国际一流水准，考核产业的工艺、环保、能耗、安全的先进性，绝不能以牺牲环境和资源为代价换增长，绝不能以损害后人利益为代价换发展。参照国际先进水平，着力发展一批关联度大、附加值高、无污染或污染较轻的企业，促进产业链向价值和环保延伸，进一步推进产业集聚，优化产业结构。

2．坚决淘汰落后产能

淘汰工艺落后、污染严重、不能稳定达标排放的企业；淘汰小水泥、小冶金、小化工等污染企业；淘汰能耗、排污明显高于全市平均水平的企业。关停城北燕子矶周边的化工企业，实施江北地区的化工整治。从淘汰落后产能中释放新兴产业所需土地、容量等紧缺发展资源。加快石化、冶金等高污染行业的改造步伐，实施传统产业的低碳化改造。综合运用区域限批、金融限贷、关停治理、挂牌督办、公众参与等行政、经济、法律的手段，建立健全污染防治的激励机制、倒逼机制和问责机制。

3．提升产业发展定位

南京产业发展既要抱有总量做大、产业做强的雄心，更要坚定高端定位、节能环保的决心。科学界定产业的发展区域，大力发展具备国际先进水平的高端制造业和现代服务业。全面提升企业清洁生产水平，降低资源消耗，减少环境污染，化解污染扰民。在技术、节能、效益上保持领先；在产品、市场、服务上保持领先；在环保、安全、和谐上保持领先，走出一条生态环境友好的发展路径，打造具有国际一流水平的绿色产业基地。

4．提升节能减排水平

要突出节能减排指标的刚性约束力，实行严于国家标准的行业能耗标准和污染排放标准，加快形成倒逼机制。实施结构、工程和管理减排工程，运用先进技术和现代管理提高节能减排水平。加快实施燃煤电厂和钢铁企业的脱硫、脱硝工程，大力实施废气的收集处理，消除异味污染影响；加快实施污水处理系统的提标升级改造，推行中水回用；加快实施固废的综合利用和危险废弃物的安全处置工程，确保环境安全。通过进一步整合资源、优化工艺、提高效能，做到节能降耗、控污减排。

三、以更高定位，打造绿色生态宜居城市

未来五年，南京将进一步彰显"绿色生态宜居"的特色，2012 年，实现国家环保模范城市复查再命名；2013 年，基本达到国家生态市创建标准；2014 年，成功实现"绿色青奥"的目标；2015 年，生态环境达到基本现代化要求，实现城市发展与生态环境的双赢，把南京建设成为生态系统完整、生态品质优良、生态环境优美的国际性现代化绿色都市。

1. 创建国家生态市

南京生态市的建设已走过 6 年历程，已打下较好的基础，江宁和高淳已成为国家生态区县，浦口区已通过国家的技术考核。通过开展生态系列创建，使城乡的环境基础设施得到建设，生态网架基本形成，生态用地得到保护，城市绿化水平进一步提高，生态环境质量有所改善，生态安全得到基本保障，城乡人居环境品质不断提升。到 2012 年年底，城市各项指标达到国家生态市要求。

2. 筹办绿色青奥会

青奥会是南京面向世界的窗口，将向世界青年人展示南京的文化和环境。因此，筹办绿色青奥过程就是建设生态宜居城市的实践。全面推行绿色青奥行动，努力使环境控制标准、环境管理要求、环境评价体系与国际接轨。到 2014 年，确保城市环境质量基本达到国际比赛的标准和要求，筹办一届绿色青奥会。

3. 打造生态宜居品质

南京的城市地位决定了生态宜居是其发展的终极目标，作为历史名城的南京将建成现代化人文绿都。我们将保护好城市的生态资源，切实改善环境质量，用蓝天碧水衬托南京山水城林的城市特色，彰显南京人文绿都的生态品牌，把南京建设成为生态系统完整、生态品质优良、生态环境优美的国际化生态名城。

生态环境是城市的公共产品，也是城市的重要竞争力。当今世界资源、

能源日益紧张，以"绿色"、"低碳"为标志的新一轮科技、产业、能源革命正在兴起，也是世界未来发展的方向。南京正处在从第一个"率先"加快向第二个"率先"迈进的关键时期，我们将充分保护和发挥南京的生态优势，坚持"创新驱动、内生增长、绿色发展"的战略，坚持生态为基、环保优先的方针，办成一届国际认可、群众认同的"绿色青奥"，建设一座绿色低碳、生态优良的"绿色都市"，实现800万南京人民的共同追求。

牢固树立绿色发展理念
建设富庶美丽幸福之城

江苏省淮安市委书记　刘永忠

生态经济的本质就是将经济发展、资源利用和生态建设有机结合，从而实现经济发展和生态建设的双赢。淮安地处中国南北地理分界位置，气候宜人、水资源丰富，是一座风景秀丽、生态宜居的城市。长期以来特别是"十一五"以来，我们始终坚持以科学发展观为指导，认真落实环保优先、节约优先方针，大力推进环境保护和生态建设各项工作，走出了一条经济发展与生态环保互动并进的可持续发展之路，全市主要经济指标增幅和环境综合质量均连续多年保持江苏省前列，相继获得国家卫生城、国家园林城、国家环保模范城等荣誉称号。在具体工作中，我们始终坚持做到"三个一"：

一、牢固树立一个理念，即"环境是发展的战略资源、生态是最宝贵财富"理念

淮安目前尚处于追赶型发展阶段，我们在全力补上"经济发展课"的同时，坚决走好"生态文明路"，始终以"三看"，即看"天空蓝不蓝、流水清不清、老百姓的口袋鼓不鼓"作为检验和衡量贯彻落实科学发展观的形象要求，坚持"既要金山银山，更要绿水青山"，大力发展"绿色GDP"，努力实现经济绿色增长。一是坚持"三靠"策略，加快转变发展方式。转方式既是当前发展的主线，也是环境保护的治本之策。我们结合淮安发展实际，确立了一手抓经济总量增长、一手抓产业转型升级的"两手抓"基本思路，提出靠扩大开放、靠科技创新、靠人才支撑的"三靠"策略，充

分借助各类高端优质资源打赢转变经济发展方式这场硬仗。如我市引进的国家千人计划入选者、留美博士熊鹏，其研发的从秸秆中提取燃料乙醇的技术处于国际领先水平，不但有效解决了秸秆处理的世界性难题，而且将秸秆回收利用打造成一个新兴产业，是我市生态经济发展的典范。二是推动"三产"升级，构建绿色产业体系。构建环境友好型的现代产业体系，是发展生态经济的核心内容。我们按照生态与经济协调发展的要求，大力推动产业生态化改造，努力构建以先进制造业为主导、现代服务业为支撑、规模高效农业为基础的现代特色产业体系。如在先进制造业发展中，我们深入实施主导产业培育、新兴产业倍增、传统产业提升"三大计划"，重点培育的盐化工新材料、IT、特钢、节能环保、食品五大千亿元主导产业占规模以上工业比重达57.8%，新医药、新材料、新能源、软件和服务外包四大新兴产业快速发展，在第七届全国城市品牌大会上荣获"中国新盐都"称号，初步形成富有淮安特色的工业体系。三是严把"三关"，坚决预防和减少环境污染。为有效控制污染、保护生态环境，我们严格把好项目准入关、环保设施建设关和污染排放关。切实变招商引资为招商选资，在招商中坚持做到"三个绝不"，即"绝不允许以牺牲环境为代价来换取一时的经济发展；宁可招不到商、引不到资也绝不把污染项目引到淮安；绝不能为了领导干部的所谓政绩而给老百姓带来长远的灾难和祸害"，并对化工产业严格实行"三个不批"，即"新建的化工集中区一律不批，集中区外的新建化工项目一律不批，环境基础设施不完善或长期运行不正常的化工集中区新改扩建项目一律不批"。近年来，我们依法劝阻了290个污染严重项目进入淮安，成功引进国宝空调、永江新能源等一批规模大、综合效益好的"顶天立地"型大项目和"一步登天"型好项目，产业结构得到不断优化。着力加强环保基础设施建设，在市经济技术开发区、8个省级开发区和各类特色园区建设中均实施了区域规划环评，做到了环保基础设施与园区同步规划、同步建设。切实加大环境监管力度，深入推进节能减排，加快淘汰落后产能，强化污染物排放总量控制，"十一五"期间，全市二氧化硫排放量、化学需氧量削减率分别达 16.1%和 11.1%；关闭小化工企业 66 户，关闭率江苏省第一；综合治理 483 家超标排放的重点污染源，关停、淘汰 106 家治理不达标的企业或生产线。

二、紧紧扭住"一个抓手"，即大力开展国家环保模范城市、国家生态市创建工作

我们始终把开展生态环保创建活动作为推动科学发展、提高生态文明水平的一个重要抓手，以创建整合各类资源，以创建激发和调动全社会参与生态建设的热情和积极性，以创建解决生态建设中存在的突出问题，取得了积极成效。从 2002 年开始，我们启动了国家环保模范城市创建工作，历经全市上下 8 年的艰苦奋斗，我市于去年成为全国第一个以新指标体系通过国家环保模范城市考核的地级市，并被环保部作为全国创模新指标体系考核的样板。在"十二五"发展新阶段，我们根据江苏省委、省政府加快淮安苏北重要中心城市建设的战略部署，确立了"1+4"发展目标，"1"就是"实现经济发展水平与人民幸福指数同步提升"这一总体要求，"4"就是"总量翻一番、财政超千亿、建成生态市、全面达小康"四个奋斗目标。在苏北率先建成生态市成为我们继创模之后全市生态建设工作的又一重要抓手。在创建过程中，我们力求做到"三个结合"、"三个并重"。"三个结合"：一是坚持把生态市创建与加快经济发展相结合，努力实现产业竞争力与环境竞争力共同提升、物质文明与生态文明协同发展。二是坚持把生态市创建与彰显城市特色相结合，按照"组团相间、生态相连"的城建要求，注重把自然引入城市，把生态融入城市，进一步彰显"水绿相映、城在园中、水在城中、人在景中"的城市特色，打造清秀亮丽的生态水城。三是坚持把生态市创建与提升群众幸福感相结合，加大环境保护和整治力度，切实解决好群众反映强烈的环境问题，让来到淮安和生活在淮安的人能够享受到舒心惬意的生态环境。"三个并重"：一是突出夯实基础与打造亮点并重。注重把工作重心放在基层基础上，积极开展生态村、生态乡镇、

生态县创建，同时着力培育亮点、打造品牌，努力推出一批在全国全省有影响的生态典型，不断提升生态市建设工作水平。二是突出源头控制与全面整治并重。积极开展环境综合治理和专项整治活动，重拳出击，铁腕治污，始终保持对破坏生态环境行为的高压态势。三是突出硬件建设和软件提升并重。既加大生态建设投入力度，确保"十二五"期间生态建设投入达到国家要求，又注重建章立制，确保创建工作长效推进。目前，生态市创建各项工作正有序推进，村庄环境整治行动全面启动，全市各县（区）已全部建成国家级生态示范区，有 39 家乡镇通过国家级生态乡镇省级考核。

三、建立健全"一套机制"，即督查考核、生态补偿、环保投入和公众参与四项机制

发展生态经济、转变发展方式重在机制，贵在落实。我们切实加强对生态环保工作的组织领导，注重建立长效机制，努力形成市县分级负责、各部门协作联动、全社会广泛参与的工作格局。重点是建立和完善"四项机制"：一是督查考核机制。坚持把生态文明建设目标任务完成情况纳入领导干部实绩考核内容，加强考核，严格问责，实行"两书制"和"一票否决制"，即对生态环保工作开展不力的，其党政领导班子要上交检讨书，造成严重后果的，党政主要负责人要主动递交辞职书；对不能按时完成生态环保建设任务的严肃追究责任，实行评优、晋级、任用一票否决，进一步强化了领导干部抓生态环保工作的责任意识。着力推行企业环保主体责任承诺制，重点企业法人必须就环保责任在媒体上作出公开承诺，凡明显违反环保法律法规的一律按上限重罚，企业法人要在新闻媒体向社会公开忏悔。二是生态补偿机制。按照"污染者付费、利用者补偿、开发者保护、破坏者恢复"原则，强化生态环保约束激励机制。建立排污权交易制度，对企业通过治理、产业结构调整等节余下来的排污权允许公开交易，超过污染物规定排放总量而确需增加污染物排放的企业需购买排污权；建立工

业企业生态补偿制度，对污染企业主动通过污染治理、结构调整、整体搬迁来减少污染物排放的，市财政拨出专款用于生态补偿奖励；建立绿色信贷制度，将企业环境信息正式纳入银行企业信用信息系统。三是环保投入机制。每年安排不少于 3 000 万元的专项资金，用于生态县（区）、生态乡镇环境基础设施建设。积极探索市场运作方式，运用 BT、BOT 等多种模式，先后引入清华同方、紫光等知名企业参与城市环境建设。坚持工业治污由企业自主投入，对不能稳定达标排放或超标排放污染物的企业限期治理；对治理后仍达不到要求的，由环保部门委托有资质的治污单位进行治理，费用由排污企业全部负担。四是公众参与机制。坚持全民参与的导向，广泛宣传，大力发动，全方位提高市民环保参与度。我市将每月 28日设为全市环境安全日，是全国唯一设立环境安全日的地级市，通过深入普及环保知识，使生态文明意识深入人心。积极开展绿色学校、医院、机关、企业等"十大绿色"创建活动，营造浓厚的环境保护氛围。深入实施"千企助千村，共建生态市"主题活动，通过企业、乡（镇）、村共建，促进城乡互动、镇村企双赢，实现经济效益和生态效益的有机统一。

发展生态经济、推进生态文明建设，功在当代，利在千秋。我们将紧紧围绕国家生态市创建目标，创造性地开展工作，积极探索具有淮安特色的生态文明建设之路，努力使淮安的天更蓝、地更绿、水更清、群众更富裕，加快把淮安建设成为受人尊敬、令人向往的富庶美丽幸福之地。

沈阳老工业基地的生态文明建设之路

辽宁省沈阳市政府副秘书长　陈荣礼

尊敬的李干杰副部长、万本太总工，各位领导、同志们：

生态文明建设是科学发展的重要内容，是对传统文明特别是工业文明反思的结果。沈阳是一个 20 世纪 50—70 年代创造我国工业辉煌的老工业基地，工业门类齐全，环境历史欠账较多，曾经是一个典型以拼能源、拼资源的方式换取经济增长的城市。在这种经济增长方式下，资源对经济社会发展的瓶颈性约束显露无遗，20 世纪 80 年代成为了世界十大污染城市之一。

从"九五"到"十五"期间，为彻底扭转这种局面，沈阳市全力进行工业改造和环境污染治理，2004 年，经过不懈努力，成为了国家环保模范城市，摘掉了世界十大污染城市的"帽子"。为实现老工业基地的全面振兴，从"十一五"开始，沈阳市积极转变经济增长方式，大力推进生态文明建设，全面启动了国家生态市的创建工作，通过实施工业调整改造、产业转型升级、经济结构调整、城市布局优化、自然保护、生态体系建设、流域治理、城乡环境基础设施完善、城乡环境综合整治等一系列重大举措，正在实现"三个转变"，即从重经济增长、轻环境保护转变为保护环境与经济增长并重；从环境保护滞后于经济发展转变为环境保护与经济发展同步；从主要用行政办法保护环境转变为综合运用法律、经济、技术和必要的行政办法解决环境问题，正在走出一条资源消耗低、环境污染少、经济效益高的集约型发展道路。

根据本次年会安排，下面我就沈阳市几年来在老工业基地改造、产业结构调整方面的一些做法作简要发言。希望借此机会，凝聚各位的真知灼见，加强同各地的交流与合作，学习先进经验，为老工业城市的生态文明建设探索新思路，积累新经验。

一、沈阳市概况

沈阳是辽宁省省会，地处东北亚经济圈和环渤海经济圈的中心，以沈阳为中心，半径 150 公里范围内，集中了以基础工业和加工工业为主的 8 个城市，构成了资源丰富、结构互补性强、技术关联度高的辽宁中部城市群——沈阳经济区，目前已经上升到国家战略。作为东北地区及辽宁中部城市群最大的中心城市，沈阳对周边乃至全国都具有较强的吸纳力、辐射力和带动力，具有得天独厚的区位优势和十分重要的战略地位。沈阳现辖九区一市三县两个开发区，总面积 1.3 万平方公里，市区面积 3 495 平方公里。总人口 820 万人，市区人口 600 万人。

沈阳是新中国成立初期国家重点建设起来的以装备制造业为主的全国重工业基地之一。经过几十年的发展，沈阳的工业门类已达到 140 余个，规模以上工业企业 3 000 余家，2010 年，全市规模以上工业总产值 9 601.8 亿元，完成工业增加值 2 361.4 亿元，在全国 15 个副省级城市中位列第四。几年来，沈阳市委、市政府以振兴沈阳老工业基地为主线，坚持工业立市方略，国有经济战略性调整步伐加快，外资和民营经济迅速成长壮大；城市发展空间和产业布局得到拓展优化；汽车及零部件装备制造、电子信息、化工医药等产业初具规模，已成为全市经济快速发展的主要支撑；科技创新能力和企业研发能力不断提高，形成了一批具有较强竞争力的产品和企业；特别是以承办 2013 年"十二届"全运会为契机，以创建国家生态市为抓手，城市基础设施建设明显加快，软硬环境建设得到了进一步改善。沈阳经济和社会长足发展，人民生活水平快速提升，沈阳市的经济和社会步入了快速发展的新时期。与此同时，沈阳先后获得"国家环境保护模范城市"、"国家森林城市"、"国家园林城市"、"国家节水型城市"、"全国安静程度最佳城市"等称号，连续五年进入全国百强城市前十名，并跻身国内十大最具竞争力城市行列。

二、沈阳市绿色经济崛起历程

（一）工业调整改造之路

沈阳在全面总结过去老工业区发展道路时，得出一个深刻结论：昔日老工业区改造长期处于困境主要是因为选择的是一条高污染、高能耗的粗放型发展道路。要实现沈阳的可持续发展，全面振兴老工业基地，就必须树立生态经济和生态社会的价值观，统筹兼顾"自然、经济、社会"这一复合系统和谐发展，走出一条低投入、高产出，低消耗、少排放、能循环、可持续的科学发展之路。为此，沈阳确立"东搬西建"战略。所谓"东搬西建"就是遵循世界工业发展规律和城市发展规律，把位于中心城区的绝大部分污染严重的工业企业搬迁到张士开发区，在开发区做大做强工业，建成了目前已成规模的以装备制造业为主的"沈阳西部工业走廊"，并实现了技术改造升级和规模集成，同时实现环境集中深度治理监管。中心城区利用工业企业腾迁出来的空间，大力发展现代服务业，改善生态环境，推进宜居建设，促进了城市功能布局的调整与完善，促进了功能的合理化、生态化。

9年来，城区共搬迁企业370户，腾迁土地8.7平方公里，筹措改革成本228亿元，盘活存量资产500亿元，同时关停了86户重污染、难治理的"四高"企业。机床、沈鼓、水泵、沈重、味精、炼焦煤气等一大批重污染企业完成搬迁改造。以沈阳机床、鼓风、北方重工为主的一大批"东搬西建"企业全部在企业搬迁过程中进行了战略结构调整，并将环境保护工作提升到企业战略的高度。利用搬迁契机，淘汰了一大批污染大、能耗大、难治理的工艺，并投入大量资金用于高技术、高效率环保设备设施，同时积极开展企业内外部循环经济工作，建设中水回用及废物循环系统，极大地促进了企业节能、环保水平，目前全工业区正在按照国家生态工业园区标准建设，达标率已经达到70%以上。

通过新旧厂区对比发现：沈阳机床万元综合能耗比值下降 0.016 4。沈阳鼓风拆除了 16 台、累计 176 蒸吨锅炉，由开发区热电公司集中供热，减少燃煤消耗 39 245 吨/年，减少 SO_2 排放 302.8 吨，建设了污水处理站、中水回用系统、乳化液处理装置，减少 COD 排放 187.7 吨，节水 140 万吨。公司整体能耗由 0.049 吨标准煤下降到 0.018 吨标准煤，远远低于行业标准。北方重工在新厂区建设中，彻底取消了燃煤、燃油装置，在主要生产环节全部安装了循环用水设施，仅下属沈矿集团年节约用水 18.5 万吨，节约用电 329 万千瓦时；沈阳远大集团在重视生产工艺改进和末端治理的基础上，十分重视产品节能性能的改进，其隔热幕墙比普通单层玻璃节省能耗 25%～50%，降噪 30～40 分贝，并采用空气在幕墙内的内循环或双循环技术，比传统幕墙节能 40%，同时研制高效节能的高压电机产品，其平均效率指标比普通电机高出 1.5%以上。

"东搬西建"促进了传统产业升级改造及节能环保新技术的应用，实现产业水平的整体升级。搬迁新建企业全部采用新能源、新技术和新设备，达到清洁生产水平，同比污染物排放和能源消耗降低明显，实现经济和环境效益的双赢。

（二）产业转型升级之路

多年来，沈阳按照加快构建以先进装备制造业为核心、高新技术产业为先导、现代服务业为支撑、现代农业为基础的新型产业体系，加快调整步伐，产业结构逐步优化。

一是先进装备制造业快速增长，带动工业优化升级。为调整经济结构和优化增长方式，沈阳确定了先进装备制造、信息、生物医药、航空、新材料、新能源和节能环保七个重点发展的战略性新兴产业，出台了加快发展新兴产业的意见。几年来，沈阳以打造具有国际竞争力的世界级装备制造业基地为目标，以铁西装备制造业、大东汽车工业、浑南高新产业三大聚集区为载体，促进工业整体水平全面提升，初步形成了装备制造、汽车、电子信息、医药化工、农副产品、航空、现代建筑等新型产业体系框架，装备制造业等优势产业支撑作用明显增强，其增加值已占全市工业的 80%以上。铁西区整体搬迁改造全面完成，被国家发改委和振兴东北办授予"老工业基地调整改造暨装备制造业发展示范区"称号。铁西老工业基地改造成为中国改革开放 30 年 18 个典型之一。另外，汽车产业实现大发展，2010年，全市共实现整车产量 66 万辆，汽车及零部件企业工业总产值首次突破 1 000 亿元大关。以金杯、中华两大自主品牌和宝马、通用两大合资品牌为标志，形成了我市汽车整车制造的骨干体系。此外，战略性新兴产业发展步伐加快，预计到 2015 年，新兴产业产值年均增长 25%以上。重点建设铁西、浑南、沈北 3 个新兴产业聚集区和 30 个特色突出、创新能力强的新兴产业园区，建立 100 个能为新兴产业发展提供支撑的创新服务平台，形成布局合理、牵动性大、竞争力强的新兴产业发展态势，为加速产业结构调整和发展方式转变，建设国家创新型城市奠定坚实基础。

同时，高新技术产业快速发展，对我市经济增长和结构调整的推动作用进一步增强。"十五"期间累计完成高新技术产品产值 3 115 亿元，年均递增 20%；高新技术产值占工业总产值的比重由 2000 年的 25.5%，提高到 2005 年的 30%，目前已经上升到 35%以上；一批国内知名的高新技术企业快速成长。目前，全市高新技术企业已达 510 家，民营科技企业发展到 3 676 家，产值过亿元的科技型企业达到 90 家，成为全市经济发展中最具活力的重要力量。"十五"期间累计获得市级以上科技成果 3 811项，其中达到国内先进或领先水平 2 058 项，达到国际先进或领先水平1 304 项；一批拥有自主知识产权的科技成果实现了产业化，有力地促进了我市高新技术产业的发展及传统产业的结构升级，大大提升了我市产业的竞争力。

二是现代服务业快速发展，产业结构日趋合理。几年来，我市实施服务业尤其是现代服务业优先发展战略，服务业呈现出快速稳定发展的良好态势。以现代服务业为主体的第三产业，保持了较快发展速度。2010 年服务业增加值实现 2 242.2 亿元，占当年 GDP 的 44.7%。其中金融、信息服务、科技服务、商务服务、文化旅游等现代服务业增速均高于服务业总体发展速度，现代服务业占服务业的比重不断提高，达到53%。"十一五"期间，金融业增加值年均增长24.8%，东北区域金融中心地位初步显现；商务服务业增加值年均增长20.1%，举办的各类展会年均增长9.7%，展览面积年均增长28.5%；物流业增加值年均增长10.7%，东北区域物流中心初步形成；文化产业实现增加值193.6亿元，GDP占比达到4.5%；商贸流通业增加值年均增长11.2%，拥有万米以上大型零售设施114个，连锁企业发展到435家，电子商务、网络购物等现代流通方式和新兴业态快速发展，东北商贸中心功能进一步提升。与此同时，服务业集聚区初具规模，随着城市改造的力度加大和发展空间的拓展，太原街、中街等传统商贸中心改造进度加快，产业能级得到提升。金廊银带中心商务区、北站金融商贸区、棋盘山生态文化旅游区、铁西装备制造研发设计中心、浑南软件动漫产业带、沈海综合物流园区等一批新兴服务业集聚区已初具规模，金融保险、第三方物流、动漫制作、软件外包、研发设计等现代服务业企业加速向新兴集聚区聚集，成为带动现代服务业发展的主要载体。

三是现代农业发展迅速，结构调整取得新突破。沈阳市围绕农业增效、农民增收、农村发展，制定了一系列强农惠农扶持政策，积极培育优势主导产业，不断完善配套服务体系，农业现代化水平显著提高。农业综合生产能力明显提高。"十一五"末期，全市农作物播种面积1 025万亩，其中，绿色、有机、无公害种植面积已经达到70%以上，粮食总产量达到65亿斤，连续七年突破60亿斤。实现农业增加值232亿元。在全国率先推行富民经济小区建设基础上，深化农村各项配套改革，重点发展设施和高效特色农业，进一步明确了花卉、树莓、食用菌、寒富苹果和花生五人特色产业。"一村一业"专业村达到920个。实现畜牧业产值245亿元，占农业总产值比重达到55%，成为促进我市农业发展的重要力量。

目前，我市三次产业比重由2004年的6.4∶41.0∶52.6调整到2010年的4.7∶50.4∶44.9，其中低能耗、低污染、高效益的绿色工业正在占据主体，彰显出老工业城市通过走新型工业化道路，工业重新焕发青春，正在走向振兴之路。

上述是我们历经十几年的奋斗，终于使我们的老工业基地涅槃重生，我们的城市振兴发展的艰难历程。我们深刻体会到，一个积重难返的老工业城市，不经历工业改造升级，推行绿色工业，实现不了脱胎换骨；一个处于发展徘徊期的特大城市，不进行产业调整，发展生态经济，实现不了跨越式发展；一个曾经环境污染严重的城市，不完善城乡环境基础设施，实施生态建设和自然修复，实现不了以环境促经济社会协调可持续发展的环保新道路；一个不倡导生态文明建设的城市，促进各行各业提升环境意识，普及生态文化，促进公众全面参与，就实现不了工业城市向生态城市的转变。沈阳已经实践，沈阳正在进行新探索、新实践。

曾几何时，沈阳以"傻大黑粗"、"灰头土脸"的形象呈现在世人面前。现在，沈阳的工业经济迎来了新的发展机遇，产业结构显著优化，人居环境改善取得重大成就，城乡环境面貌焕然一新。如今的沈阳，已经再难寻昔日老工业城市的暗淡与衰落。正在寻找并成功走在具有沈阳特色的老工业基地生态文明发展之路上，并必将越走越远，越走越宽。

经济发展方式绿色转型的有益探索和实践

河北省环境保护厅厅长 姬振海

各位领导、各位专家和朋友们：

非常高兴参加这次年会并与大家一起，紧扣"十二五"经济社会发展的主线，以"生态文明、绿色发展"为主题交流一些想法。这里，我就经济发展方式绿色转型谈些看法。

一、经济发展方式绿色转型的意义

正确处理环境保护与经济发展的关系，始终是我国社会主义现代化建设进程中的一大难题。两者既相互制约又相互促进，离开经济发展抓环境保护是"缘木求鱼"，离开环境保护搞经济发展是"竭泽而渔"。众所周知，自从 20 世纪 80 年代以来，我国的经济领域经历了两次重大变革。第一次是从计划经济向市场经济转变，极大地释放了生产力，经济总量得到迅猛提升；第二次是经济发展方式转变，其实质是经济发展质量的优化，是从重视量的积累向更加重视质的提升转变。在资源环境承载力相对较低、环境污染和生态破坏趋势尚未得到根本扭转的大背景下，这种经济质量提升最主要的内容就是经济发展方式的绿色转型。

建设生态文明，实质上就是要建设以资源环境承载力为基础、以自然规律为准则、以可持续发展为目标的资源节约型、环境友好型社会。如何建设生态文明？建设生态文明最为关键的要素是什么？厘清这点是我们必须面对的一个重大理论问题。马克思主义哲学有一个最根本的论点：经济基础决定上层建筑。生态文明，无疑是整个社会上层建筑的重要组成部分，要建设生态文明，就必须从经济基础入手，即经济结构和经济制度的调整和优化，在目前，这种调整和优化的关键就是如何实现经济发展方式的绿色转型。

无论是国际社会还是国内社会，经济作为非常重要、非常活跃的因素，在潜移默化地影响着政治、社会、文化生活的方方面面，环境保护与经济发展的密切整合和交融，给环境保护在经济发展方式绿色转型过程中提供了更加广阔的舞台。实践告诉我们，只有紧紧围绕科学发展的主题、加快转变经济发展方式的主线和提高生态文明水平的新要求，把环境保护摆在与经济社会发展同等重要的位置，充分发挥环境保护参与宏观调控的先导作用和倒逼机制，以环境容量优化区域布局，以环境管理优化产业结构，以环境成本优化增长方式，才能实现真正意义上的绿色转型发展。

二、推进经济发展方式绿色转型的实践

近年来，河北省委、省政府始终将推进经济发展方式绿色转型放在十分突出的战略位置，高度重视环境保护与生态建设。省委书记张庆黎旗帜鲜明地指出，要树立生态是生命线的意识，像爱护自己的眼睛一样来爱护生态，像延续生命一样来建设生态，统筹做好经济建设和生态建设各项工作，绝不能以牺牲生态为代价换取一时的发展。在省委、省政府的坚强领导下，我们在以环境保护优化经济发展、推进经济发展方式绿色转型上进行了积极有益的探索。

（一）强化政策倒逼机制，推进重点行业绿色发展

河北是一个以钢铁、化工为主的资源型经济大省，产业结构偏重，经济发展仍处于资源高消耗和高污染排放的阶段，特别是"一钢独大"产量位居全国首位。基本省情决定河北必须改变"资源—产品—排放"单向的线性生产模式，突破经济可持续发展的瓶颈，加速重点行业转型升级。一是突出政策约束。省政府先后印发了《关于控制钢铁产能推进节能减排加快钢铁工业结构调整的实施意见》《关于加快淘汰落后钢铁产能促进钢铁工业结构调整的通知》和《关于进一步落实国务院有关钢铁产业政策加快

钢铁产业优化升级的通知》，把省内所有钢铁企业纳入调控范围，实行统一规划、合理布局、减量提档、有序发展，并严格投资项目管理，坚决禁止地方擅自批准和企业违规建设钢铁项目。明确规定，省政府对违规批准钢铁建设项目或任由企业违规建设钢铁项目的所在地政府主要负责人实行行政问责制度。二是提升环境要求。制定了《河北省钢铁工业大气污染物排放标准》，在充分考虑我省现阶段污染源治理水平和国家相关标准的基础上，对烧结、炼铁、炼钢、热轧各相关行业共9项指标提出比国家标准更为严格的排放要求。三是注重合力整治。联合发改、工信等部门，严厉查处违规建设项目，加大落后产能淘汰力度。"十一五"期间，全省共淘汰落后炼铁产能3 696万吨、炼钢产能1 888万吨、水泥产能6 140万吨、平板玻璃产能5 622万重量箱。2010年，全省黑色金属冶炼及压延加工、石油加工炼焦及核燃料加工、非金属矿物制品、电力热力的生产和供应、煤炭开采和洗选、化学原料及化学制品制造六大高耗能行业增加值占全部规模以上工业的49.2%，比2005年下降6个百分点。

（二）强化源头把控措施，引导发展方式优化转型

始终坚持预防为主原则，将资源环境要求渗透到经济发展各个层面，积极构建环境保护源头防控体系，将经济发展纳入协调可持续的绿色轨道。一是突出政策引导。为加快产业结构和布局的调整，进一步推进节能减排，省政府出台了《河北省区域禁（限）批建设项目实施意见（试行）》，分区域明确了主体功能区优化开发、重点开发、限制开发和禁止开发的不同要求，形成保护优化、合理开发的新格局。二是突出源头防控。为从源头预防环境污染和生态破坏，统筹区域产业发展、生产力布局与环境容量和生态功能，提高规划决策的科学性，加快结构调整和经济发展方式转变，省政府出台了《河北省关于进一步加强规划环境影响评价工作的通知》，并在省委、省政府《关于加快工业聚集区发展的若干意见》《关于加快河北省环首都经济圈产业发展实施意见的通知》《关于加快沿海经济发展促进工业向沿海转移实施意见的通知》等一系列战略部署中，明确提出"先

规划环评、后项目审批"要求，区域资源禀赋和环境容量成为区域发展的硬约束，环境保护提升到区域布局调整和项目建设前期决策层面。目前已完成了 186 个园区、开发区及工业聚集区的规划环评。三是突出规划引导。以生态省建设为推动，组织各地编制生态建设规划，将环保意识、绿色发展理念融入各地经济发展总体规划之中，并将环保工作内容列入省委组织部培训计划，每年组织全省县（市、区）长环保培训班，使实现绿色转型理念上升为领导意志和决策指导。目前，全省 11 个设区市和 136 个县（市）编制了生态县（市）建设规划，400 多个建制镇编制了环境规划。据统计，"十一五"时期，全省第三产业增加值由 2005 年的 3 340.5 亿元增加到2010 年的 7 123.8 亿元，年均增长 12.8%，快于 GDP 年均增速 1.1 个百分点，产业结构正朝着好的方向良性发展。

（三）强化环境经济手段，发挥市场绿色推动效力

在市场经济条件下，紧紧围绕环境成本做文章，利用经济发展内在价值规律推动发展方式转变是实现绿色转型的重要手段。一是制定实施绿色信贷政策。出台了《关于落实国家环境保护政策，防范信贷风险有关问题的通知》《河北省绿色信贷政策执行效果评价办法（试行）》及环保、金融信息交流共享协议等一系列文件，建立完善了绿色信贷制度和企业环保信用评级体系，定期发布绿色金融指导目录，强化对重污染和违法排污企业的金融约束，实现了环保部门与金融机构的协调联动，对规范企业的环境行为起到了明显的促进作用，绿色金融为实现经济发展方式绿色转型注入了新的活力。二是提高排污收费标准。2008 年 7 月和 2009 年 7 月，我省分两步将二氧化硫、化学需氧量排污费征收标准由以前每公斤 0.63 元和0.7 元，提高到每公斤 1.26 元和 1.4 元，充分发挥经济杠杆作用，进一步调动了企业治污减排积极性。三是探索开展绿色保险。制定了开展环境污染责任保险试点的实施意见，在重污染化工企业、有毒有害化学品生产、危险废物处置及石化、放射源使用等行业企业，进行环境污染责任保险试点。目前保定风帆股份有限公司等 15 家企业分别与中国人民财产保险股

份有限公司签订了"环境污染责任保险单"。四是实施流域生态补偿。创新重点流域生态环境管理模式，健全了跨界断面目标考核与生态补偿管理机制。对全省七大水系 201 个断面实施跨界断面水质责任目标考核并与财政挂钩的生态补偿制度。截至今年 11 月，累计扣缴生态补偿金 10 730 万元。这项政策的实施，进一步强化了政府环保责任，遏制了上游向下游违法排污，提高了绿色发展意识，水环境不断得到改善。五是推进排污权交易。报请省政府出台了《河北省主要污染物排放权交易管理办法（试行）》，按照试点先行、政府主导、市场驱动的工作思路，率先在秦皇岛、唐山和沧州三市及全省火电行业开展排污权交易试点，并于今年 5 月，被财政部、环保部批准为全国排污权有偿使用和交易试点。通过实施一系列经济措施，全省企业通过技术改造、节能挖潜，加强资源综合利用和发展循环经济的积极性得到了进一步挖潜，工业企业增长质量和效益水平得到不断提升，促进了全省经济又好又快发展。

（四）强化绿色示范创建，激发连片带动催化作用

将绿色创建作为推动经济发展方式绿色转型的催化因子和营造有利环境的重要先导因素，结合我省实际，进一步加大了示范引领和绿色创建力度。一是打造"双三十"典型示范。2008 年，省委、省政府选择 30 个高耗能、高排放产业比重大，节能减排任务重的县（市、区）和 30 个污染物排放量大的重点企业实施省级考核。"十二五"期间我们又重新筛选单位能耗高、排放总量大、示范作用强的 30 个县（市、区）和 30 家企业，深入实施新老"双三十"节能减排示范工程。实践证明，这一工程的实施，不仅有力地带动了全省污染减排工作的深入开展，更大的意义在于营造了推进绿色发展的浓厚的政治氛围，有力地撬动了各级政府重视环保，领认责任，加快经济发展方式绿色转型的主动性和能动性。二是开展绿色系列创建。经过努力，建成了国家级生态示范区 30 个、国家级环境优美乡镇 26 个、省级环境优美城镇 101 个、各级各类绿色单位 3 000 多个、各级各类自然保护区 42 个。三是实施"百乡千村"环境综合整治示范工程。优先选择位于环境敏感和重点区域的 100 个乡（镇）的 1 000 个行政村作为试点，以生态环境综合整治为主要内容，从 2009 年开始，连续 3 年集中实施"百乡千村"环境综合整治，全面推动了农村环境基础设施建设，促进城乡环境协调发展。目前，建成国家级生态村 11 个、省级生态村 60 个。

三、几点思考

经济活动是人类社会存在和发展进化的重要内容及保证。调整产业结构，实现增长方式的绿色转型，建设资源节约型和环境友好型社会，既是生态文明理念的实践，也是生态文明建设的一项重要任务。基于中国经济社会发展的阶段和特点，要实现绿色发展，应着重注意以下三个方面。

（一）提升环境监管层次

一是重大项目的引进和行业扩张，要以区域发展定位、功能区划、环境质量、环境容量及资源禀赋为前提条件，实施更加审慎、全面和前瞻性的环境准入政策。通过加大区域限批、行业限批政策的使用频次，引导基层政府和企业走新型工业化道路。二是彻底改变以往在新建项目环境监管中过多注意单个项目对环境和生态影响的做法，建立健全规划环境影响评价和建设项目环境影响评价的联动机制。三是创造性地发挥污染减排和污染物排放总量控制对增长方式绿色转型的作用，把总量控制指标作为项目落地和产能增加审批的前置条件，从源头控制环境影响，减少环境风险。四是充分利用污染减排和总量控制的倒逼功能，加快落后产能淘汰步伐，建立重污染行业退出机制，为优质产业提供宝贵的环境容量，实现以环境保护优化经济增长。

（二）创新环境经济政策

首先，健全和完善绿色信贷政策。对符合环保要求和信贷原则的企业和项目的信贷，加大支持力度，对其技术升级改造、污染设施建设贷款给予优惠。而对环境风险高、污染损害后果严重、污染事故频发以及各级政府确定为应限期淘汰落后产能的重点行业、企业，要对其发放信贷的污染风险及信贷发放后的环境效果进行评估，对其生产性贷款实行差别利率，适当予以提高。第二，制定更加科学合理的环保收费制度。对于排放重金属、持久性有机污染物等毒性大、难降解、危害时间长污染物的，要有针对性地修订排污费征收标准，大幅提高收费额度。对从事秸秆和畜禽粪便及工业废弃物综合利用的，采取减免各种税费的财税扶持政策，鼓励发展循环经济，促进资源节约和再利用。第三，实施绿色税收政策。以税收手段加快经济技术结构转变的绿色进程，凡是属于环境友好型的技术创新、产品创新和流通销售方式创新，将得到国家在税收方面的鼓励，反之将受到抑制。针对各种利用不可再生资源以及易造成污染的消费品，纳入征税范围，开征特别资源环境税，以增加使用成本的方式，鼓励和引导公众进行绿色消费。

（三）强化政府绿色责任

将建设生态文明、实现绿色发展的目标指标化、工程化、项目化和时限化，并纳入对地方各级人民政府绩效考核，考核结果作为领导班子和领导干部综合考核评价的重要内容，作为干部管理监督和选拔任用的重要依据，实行生态环境保护"一票否决制"，发挥其对各级领导干部执政理念和执政方式的导向作用。促进政府治理的绿色转型，在公共管理中遵循环境经济学的原理，通过政策的制定和执行，转变粗放式的发展方式，矫正生态环境保护、建设或破坏生态环境的行为产生的环境利益和经济利益的分配关系，实施下游地区对上游地区、开发地区对建设地区、生态受益地区对生态保护地区的生态环境补偿机制，以社会公平公正，促使各级地方政府积极主动实现绿色发展。

强化节能减排　推进循环发展
加快构建以低碳经济为特色的生态文明矿区

兖矿集团有限公司节能环保处处长　冯　腾

　　兖矿集团是以煤炭、煤化工、煤电铝及成套机电装备制造为主导产业的国有特大型企业，建有山东省境内邹城、鲁南、兖州"三个园区"和贵州、陕西榆林、新疆、内蒙古鄂尔多斯、澳大利亚"五个基地"。2010年实现销售收入603亿元、利税总额170亿元。近年来，在环境保护部、中国煤炭加工利用协会的关心支持下，围绕建设"主业突出、核心竞争力强、国际化企业集团"的战略目标，牢固树立"清洁发展、节约发展、可持续发展"理念，调整优化产业结构，大力推进煤炭转化和深加工，积极探索传统资源型企业实现绿色转型、科学发展的路子。先后被评为"中华环境友好煤炭示范矿区"、"首届低碳中国突出贡献企业"、"中国节能减排十大功勋企业"等荣誉称号。作为全国煤炭企业唯一代表，入选新中国成立60周年成就展工业企业典型案例。

　　在生态文明矿区建设方面，我们主要开展了以下工作。

一、优化调整产业产品结构，建立绿色高端产业体系

　　（1）以综采放顶煤技术为依托，推进绿色开采。投资28.89亿元，装备4 488台（套）先进综机设备，采掘机械化程度100%，综采机械化程度99.45%，实现安全高效生产；应用旋转开采、充填开采等工艺，加大厚薄煤层配采和边角煤开采力度，采区回采率80.27%，高出国家标准3个百分点；与矿井生产能力配套建设6座选煤厂，实现了煤炭全部洗选加工和洁净利用。

（2）以循环工业园区建设为载体，大力发展煤化工产业。坚持以"高起点、大联合、多联产、精细化"为思路，以"大项目—产业链—产业基地"为方向，充分利用兖矿及周边地区的高硫煤资源，建设鲁南煤化工"一基地三园区"，实现了高硫煤资源由燃料向化工原料的根本性转变。该基地建成后，每年消耗高硫煤 550 万吨，煤中硫分回收率达 99% 以上，延长矿区薄煤层矿井服务年限 20 年。

（3）以综合利用为手段，实施煤电铝产业一体化。依托低热值循环流化床燃烧发电技术，建设总装机容量 529 兆瓦的煤泥、煤矸石电厂，年利用煤泥、中煤 255 万吨，煤矸石 20 万吨。发挥煤电综合利用优势，在建成年产 14 万吨电解铝项目基础上，建设年产 14 万吨高性能大型工业铝挤压材项目，该项目建成后，将进一步延长产业链，降低高载能，提高附加值，实现生产方式转型。

二、实施资源再利用工程，推进矿区生态化

"十一五"期间，投资 15.85 亿元，完成 247 个节能环保项目建设。坚持"减量化、再利用、资源化"原则，实施煤矿固体废弃物综合利用工程。建设 5 家煤矸石建材厂、3 座煤矸石制砖厂，年消耗煤矸石 100 万吨。树立"让矿区每一滴污水都变成资源"的理念，实施废水资源化利用工程。建成 32 个污水治理及资源化利用项目，在外排废水全部达标的基础上开展中水回用，矿井水综合利用率达到 95% 以上，生活污水综合利用率达到 70% 以上。树立"低碳发展"理念，实施废气综合利用工程。国泰化工公司每年回收 17 万吨 CO_2，作为制取 CO 生产甲醇的原料；贵州青龙煤矿瓦斯电厂 1.2 兆瓦机组全年利用瓦斯 440 万立方米。采取地企共建的方式，实施生态恢复和矸石山封场绿化综合治理工程。利用粉煤灰井下覆岩离层注浆，缓解地表塌陷，采用煤矸石充填复垦工艺，对塌陷地进行治理，近年来每年治理复垦面积均在 400 公顷左右，1996 年以来累计消耗煤矸石 4 000 余万吨，有效治理和节约土地资源 7 200 公

顷，取得良好的经济、社会和生态效益；积极探索矸石山表面覆土种植技术，实施矸石山封场绿化造景工程，建成职工休闲景区，既解决了矸石自燃问题，又避免了环境污染，兴隆庄煤矿、济三煤矿被国家旅游局评定为国家工业旅游示范点。

三、完善节能减排管控体系，建立低碳经济发展推进机制

坚持从企业实际出发，健全组织领导、目标责任、监督考核三个体系，将节能减排纳入对标管理、纳入精细化管理、纳入标准化管理、纳入企业文化建设，形成全员、全方位、全过程促进生态矿区发展的良好局面。

四、开展试点，探索生态文明矿区创建模式

在深化资源节约型、环境友好型企业建设的基础上，2010 年开始，开展了生态文明矿区建设试点。济宁三号煤矿围绕建设"生态文明矿井"，确立了以洁净生产、和谐建设等为核心的生态文明矿井理念，完成了"一化五园"的建设，即以生态文化为先导，培育全员生态文明理念，建设绿色洁净生产园、循环利用产业园、青山绿水工业园、低碳发展示范园、平安富美和谐园，构建了包含 6 个一级指标和 25 个二级指标的生态文明矿井评价指标体系。实业公司围绕"绿色施工、绿色制造"，形成了以节能、节水、节电、节材和环境保护为内容的"四节一保"建筑、施工、制造模式。社区管理中心围绕建设"生态文明小区"，形成了以"五个注重、五个打造"为内容、以"温馨家园"为主题的"生态文明小区"建设模式，目前社区居民节能环保意识日渐增强，低碳生活理念逐步确立，社区生态环境日益完善，小区文化建设蒸蒸日上，呈现出健康、和谐、美好的景象。

"十二五"期间，我们将坚持高端高质高效和清洁绿色低碳的发展方向，以建设"生态文明矿井"、"生态化工园区"、"绿色装备制造基地"、

"生态文明生活小区"为重点，加快构建资源节约、环境友好的生产方式和消费模式，加快循环经济产业链的完善，促进产业结构调整升级，营造全体员工积极参与的"绿色生产、绿色出行、绿色消费"的氛围，建成具有兖矿特色的"代价小、效益好、能效高、排放低、可持续"的生态文明矿区，为煤炭行业生态文明创建模式积极探索新型道路。

实施绿色发展战略
全力打造空港现代生态田园大城市

中共双流县委常委、县政府副县长　廖维忠

尊敬的各位领导，各位专家：

按照会议安排，下面我就双流生态文明建设主要做法作一简要发言。

一、双流县基本情况

双流地处成都市腹心地带、四川省天府新区核心区，面积 1 032 平方公里，辖 19 个镇、5 个街道，人口 92 万。近年来，双流县立足"生态立县"，实施绿色发展战略，以创建国家生态县为载体，全力打造空港现代生态田园大城市，大力促进人与自然和谐发展，努力推动经济增长、社会进步与环境保护协调并进，实现了经济社会又好又快发展。县域经济综合实力连续 16 年位居四川省"十强县"榜首，基本竞争力排名全国百强县第 20 位，先后荣获 2011 年中国全面小康十大示范县、中国新能源产业百强县、中国产业发展能力十强县、中国战略性新兴产业最具竞争力 20 强县、中国生态旅游百强县、国家生态县和中国人居环境范例奖、全球生态宜居国际示范区最佳范例奖等荣誉称号，成为全国农村环境保护试点县、全国生态文明建设试点县。

二、双流加强生态文明建设的主要做法

（一）建立健全四大机制，形成生态文明建设强大合力

一是健全的领导推进机制。成立了县委、县政府主要领导任指挥长、分管领导任副指挥长、35 个部门和各镇（街道）主要负责同志为成员的

生态县建设工作指挥部和 8 个城乡环境综合整治推进工作组，形成了党委政府统一领导、人大政协全力支持、环保部门统一监管、各镇（街道）和部门分工负责、社会广泛参与齐抓共建的良好工作机制，为生态县建设提供了强有力的组织保障。

二是多元的市场投入机制。建立了政府资金主导、社会资金参与、企业自主投入的多渠道筹资机制，加大环境治理和生态保护投入，强力推进生态县建设。2007 年以来，我县财政累计投入 24.43 亿元用于环保基础设施建设和环境治理，并通过 BT、BOT 方式吸引社会资金 10.64 亿元，环保投资占 GDP 比重保持在 3.5% 以上。

三是规范的市场运营机制。通过公开招投标，确定了 3 家管理规范、技术领先的运营公司，对全县镇级污水处理站、村级污水处理设施等实行第三方运营管理；确定了 1 家在线监测系统运营服务公司，对全县在线监测系统进行统一运营维护，开创了四川省污水处理设施社会化运营管理的先河。

四是广泛的公众参与机制。充分发挥网络、电视、报刊等媒体的监督作用，开设生态文明建设专栏，及时发布环境综合整治、水环境质量和环境空气质量信息，加强环保社会监督员和志愿者队伍建设，形成了全社会关心、支持、参与环境保护和生态建设的浓厚氛围。

（二）统筹编制生态规划，着力夯实生态文明建设基础

一是坚持"全域双流"、"生态田园城市"和"产城一体"的理念，遵循集约发展、内涵发展、绿色发展原则，科学编制了双流县生态县建设规划、22 个全国环境优美乡镇环境规划、107 个生态村建设规划，形成了覆盖城乡、相互衔接的生态县建设规划体系。

二是对城乡资源、社会经济、生态环境等进行了全域调查、系统考虑和统筹谋划，科学编制全县生态经济功能分区规划。

三是编制了生态产业、生态文化、生态人居等专项规划。目前，我县委托环保部环境规划院正在编制双流县生态文明建设规划以及天府新区

（双流）环境保护规划，以多层次、满覆盖的生态规划引领生态文明建设和经济社会可持续发展。

（三）大力发展三大产业，着力强化生态县经济支撑

一是大力发展以新能源和新兴电子信息产业为主导的生态工业。成功引进天威、汉能、仁宝、纬创等一批重大产业化项目，加速打造新能源装备制造、新兴电子信息、航空枢纽服务及制造维修"三大千亿级产业集群"，全面做强县域经济可持续发展的主要支撑。我县西航港经济开发区已被科技部、国家发改委分别批准为成都国家新能源装备高新技术产业化基地、成都新能源产业国家高技术产业基地。2011 年 1—10 月，全县新能源产业实现销售收入 165 亿元、增长 14%，电子信息产业实现产值 130 亿元、增长 14%。

二是大力发展以临空经济为主导的生态服务业。依托县城内全国第四大航空枢纽双流国际机场的空港优势、区位条件和生态资源，结合自身的资源禀赋和产业基础，建设以临空经济为引领的成都重要现代服务业基地，大力发展航空枢纽服务、现代金融、商贸会展、电子商务、服务外包、科技服务、总部经济等现代生态服务业，2011 年 1—10 月实现服务业增加值 200 亿元，增长 13.5%。

三是大力发展都市型生态农业。加快发展有机农业、观光农业、休闲农业和精深农产品加工业。目前，我县已建成有机和有机转换农产品生产基地 41 个，有机、有机转换、无公害、绿色食品总数达 207 个，有机、绿色及无公害产品种植面积的比重达 66.27%。"双流冬草莓"、"双流枇杷"、"双流二荆条辣椒"、"双流云崖兔"成为国家地理标志保护产品。通过大力发展生态产业和低碳经济，促进了产业结构优化升级和经济增长方式转变，为生态县建设提供了有力的经济支撑。

（四）突出抓好五项重点，全力打造生态县优良环境

一是抓根本，加强生态环境保护。深入实施生态保护示范工程，扎实开展天然林保护、退耕还林、水土流失治理等工作；切实加强沿岸防护林

体系建设和湿地自然环境保护，形成了城乡生态系统良性循环体系，有力地促进了人与自然和谐相融。目前，全县森林面积 31 799.8 公顷，森林覆盖率达 29.8%。

二是抓源头，强化环境污染治理。大力实施养殖污染治理工程，积极推行"养殖+沼气+种植"的种养结合循环经济模式，对全县规模养殖场进行综合治理，实现养殖废水"零排放"。大力实施工业废水治理工程，强力整治违法排污企业，限期治理工业企业 47 户、停产搬迁 14 户、关闭 800 户，实现了重点工业企业废水稳定达标率 100%、工业企业危险废物处置率 100%。大力实施河流综合治理工程，主要河流水质明显改善。大力实施大气环境治理工程，强力抓好燃煤控减、扬尘治理和秸秆禁燃，全面改善大气环境质量。大力实施生活垃圾治理工程，建立覆盖城乡的"户集、村收、镇运、县处置"的垃圾处置体系，建成四川省规模最大的餐厨垃圾资源化处理站，城乡生活垃圾集中清运处置率达 100%。

三是抓配套，完善环保基础设施。突出环保能力建设，建成四川省第一个环境监察指挥中心，实现了对全县重点污染源的全天候视频监控和在线监测的全覆盖；建成四川省第一个县级饮用水水源地水质自动监测站，实现了对饮用水水源地水质每两小时 1 次、13 项指标的自动监测，有效提高了饮用水水源地水质安全预警能力；建成 2 个空气质量自动监测子站，实现了空气质量 24 小时监测和城区空气质量日报；建成 6 个大型污水处理厂、32 个镇级污水处理站和 66 个农民集中居住区污水处理设施，配套建设污水收集管网 344.54 公里，实现了镇（街道）污水处理厂（站）全覆盖。目前，全县生活污水处理能力达 24.23 万吨/日，城镇污水集中处理率达 83.6%。

四是抓载体，不断优化城乡环境。大力推行全民环境友好行动，以"生态细胞"工程为载体，积极推进生态环境建设。目前，已建成国家级环境优美乡镇 22 个，国家级 AAAA 级景区 1 个、AAA 级景区 3 个、县级以上人居活动生态小区 66 个、生态村 107 个、生态家园 18 088 户、绿色学校 62 所。

五是抓落实，大力推进节能减排。按照"管好存量、严控增量、落实减量"的要求，合理确定实施项目，及时落实专项资金，切实加强监督检查，圆满完成了"十一五"节能减排目标任务。我县万元 GDP 能耗为 0.837 吨标准煤、化学耗氧量排放强度 1.36 公斤、二氧化硫排放强度 0.392 公斤，分别比 2007 年下降 13.08%、49.01%、82.68%，双流经济逐步走上了低污染、低消耗、高效益、高回报的发展之路。

三、双流生态文明建设取得的主要成效

一是促进了经济又好又快发展。2011 年 1—10 月全县实现地区生产总值 465 亿元，同比增长 17%；规模以上工业增加值 200.8 亿元，增长 21.6%；地方财政一般预算收入 39.5 亿元，增长 30.7%；城镇居民可支配收入 20 618 元，增长 14.5%；农民人均现金收入 13 700 元，增长 19.5%。经济结构战略性调整步伐加快，高端产业和产业高端加速聚集，新能源、物联网、电子信息、航空枢纽服务及制造维修等战略性新兴产业迅速崛起，临空服务业加快提升，现代农业迈向高端，三次产业结构优化为 7.4：50.9：41.7。

二是促进了环境质量明显改善。通过 5 年努力，县内河流水质持续改善，2 条主要河流水质从 2006 年的劣 V 类提升为Ⅲ类，达到规定的水环境功能标准，取得了治污的突破性进展；环境空气质量优良天数从 2006 年的 295 天提高到 2010 年的 329 天，全县生态环境质量指数始终保持"良"以上，公众对环境的满意率达 98%。

三是促进了城市形象提升。通过生态环境建设，统筹实施城市形象提升和城乡环境综合治理工程，整体推进了城乡现代化进程，统筹实施主城区、重点镇、一般镇和各具特色的新农村建设，大力推进旧城改造和一般场镇改造，城乡面貌发生历史性变化，空港现代生态田园大城市的整体形象和文化品位显著提升，彰显了川西平原"青山绿水抱林盘，大城小镇嵌

田园"的独特风光，加速构建了人与自然和谐相融、历史与现代交相辉映、城市与农村互动融合的新型城乡形态。

各位领导、各位专家，生态文明建设是一项只有起点、没有终点的工作，我们将深入贯彻落实本次会议精神，认真学习先进地区的经验做法，不断巩固扩大国家生态县建设成果，努力把双流打造成为中西部最具竞争实力的产业高地、最具生态田园魅力的现代城乡、最具创造活力的发展环境、最具人文内涵的首善之区、最具幸福感的和谐家园和中西部资源节约型、环境友好型社会的典范，向国家生态文明县的更高目标大步迈进！

坚定不移实施绿色发展战略
全力打造生态文明建设先导区

江苏省张家港市委常委、常务副市长　王亚方

各位领导、各位专家，朋友们：

今天，非常荣幸受邀参加中国生态文明研究与促进会首届年会。本届年会的召开，为我们互相交流探讨经济发展、环境保护与生态建设提供了很好的机会，必将极大地推动和促进我国生态文明建设进程，为加快建设资源节约型、环境友好型社会产生重大和深远的影响。近年来，在省委省政府、苏州市委市政府的正确领导，在各级环保部门的关心帮助，以及各兄弟城市的大力支持下，我市生态文明建设与经济社会实现了互动并进、协调发展。借此机会，我谨代表张家港市委、市政府，向长期以来关心、支持和帮助我市建设发展的各级领导、各界朋友表示衷心的感谢！

张家港市位于中国最具发展潜力的长江和沿海两大经济带交汇处，是一座新兴的港口工业城市，1962 年由常熟、江阴各划出部分地区合并成立沙洲县，1986 年撤县建市，以境内天然良港——张家港而命名。全市总面积 999 平方公里，其中陆地面积 777 平方公里，下辖 8 个镇、1 个现代农业示范园区、175 个行政村，户籍人口 90 万。经过多年的建设发展，张家港市各个文明形态协调提升，各项事业一直走在全国同类城市前列。这里，我用"四句话"概括介绍我们这座城市：

一是享誉全国的文明之城。精神文明不仅是张家港的立身之本，也是张家港最亮丽的品牌，"团结拼搏、负重奋进、自加压力、敢于争先"的16 字张家港精神，是我市的立市之本、发展之源。2005 年，成为全国首批、县级市中首家"全国文明城市"，今年 9 月，我市又高分通过全国文明城市

"三连冠"复评。截至目前，全市累计获得160多项国家级荣誉称号。

二是位列三甲的实力之城。今年，全市预计完成地区生产总值1 855亿元；地方一般预算收入143亿元；工业总产值5 550亿元。全市拥有销售超100亿元的企业11家，沙钢集团连续三届入选"世界500强"（位列第366位）；共有上市公司19家。城市综合经济实力一直位列全国百强县（市）前三甲。

三是城乡一体的协调之城。深入实施城乡一体社会保障制度，低保、农保实现城乡并轨，城乡医疗保险加速接轨。公共服务高位均衡发展，教育均衡发展经验被教育部全国推广。在江苏首家创立了"新市民共进协会"，率先建立了独立建制的"12345"便民服务中心，在苏州率先成立了"公益组织培育中心"和首家"社会工作者协会"。

四是优美宜居的生态之城。全市每年投入10多亿元资金用于环境保护和生态建设，全面实施农村生态环境优化工程，建立了城镇供排水一体化建设管理机制。市区建立了免费公共自行车便民服务系统，在江苏省首家批量使用LNG清洁能源公交车。在全国县级市中首家荣膺"联合国人居奖"。

生态环境是一个城市赖以生存发展的重要基础，也是体现一个城市可持续发展能力的重要标志。长期以来，我市秉承"生态优先"发展理念，坚持走产业转型升级、城市功能升级、人文素质升级的"绿色发展"之路，持续加大生态投入，积极培育生态文化，全面优化生态环境。1996年7月，成为全国首家"环境保护模范城市"；2006年6月，成为全国首批"国家生态市"；2008年5月，被环保部列为全国首批"生态文明建设试点地区"。我们的主要做法是：

一、始终坚持把绿色行政作为生态文明建设的重要保障

一是率先倡导绿色理念。早在20世纪90年代，我市就率先提出"既要金山银山，更要绿水青山"的发展理念，创造了环境保护"一把手"亲

自抓、建设项目环保第一审批权、评先创优环保"一票否决制"等"三个一"经验，把环境保护和生态建设作为一把手工程，齐抓共管，形成合力。二是严把环保准入门槛。对建设项目环保审批严格实行"总量指标"和"容量许可"双重控制，对不符合国家产业政策的高能耗、高污染项目严格限批，先后否决和劝阻项目近 600 个，包括投资上百亿元的规模型项目，从源头上有效控制新增污染源。三是建立绿色考核体系。把生态环保指标纳入领导干部年度考核范畴，对各镇、开发区实行经济指标和环境指标"双重考核"，"既考核 GDP，又考核 COD"。同时，我市把现代农业示范园区、双山岛确定为生态功能区，只考核 COD，不考核 GDP。总面积 16 平方公里的双山岛生态区已完成规划编制，岛上原住民将全部离岛上岸，岛内不办一家工业企业，全力打造原生态示范区。

二、始终坚持把转型升级作为生态文明建设的重要内容

一是调整优化产业结构。设立了总额达 15 亿元的新兴产业引导基金，新兴产业投资在工业投资中的比重超过 70%，新能源、新材料、现代装备等新兴产业产值达 1 500 亿元。服务业增加值在 GDP 中的比重每年提高 1.5 个百分点以上，预计今年占比将达 39.3%。大力发展生态农业，主要农产品中有机、绿色及无公害产品种植面积占比达 80%。与此同时，严格落实环保倒逼机制，加快淘汰落后产能，累计关停各类污染企业 263 家。二是全面推进科技创新。大力实施人才引领战略，全市拥有国家"千人计划"、江苏"双创人才"和"姑苏人才"39 名。现有国家级开发区 2 家，国家级高新技术服务中心 1 家，省级科技创业园 3 家，省级产业技术研究院 3 家。现有高新技术企业 145 家，每年实施省级以上科技项目超过 80 项。全社会研发投入占地区生产总值比重达 2.35%，高新技术产业产值在规模以上工业产值中的占比达 34%。三是大力发展循环经济。以企业内部"小循环"、园区工业"中循环"和经济社会"大循环"为总体思路，积极推行"绿色招商、补链引资"，实现了"资源利用最大化、污染排放最小化"，张家港

保税区暨扬子江化工园建成"国家级生态工业示范园区"，总投资 2 亿元、日处理能力 4 万吨的国内第一个园区水循环综合利用工程全面投运。

三、始终坚持把污染减排作为生态文明建设的重要抓手

2006 年以来，我市连续实施两轮环保"333"工程，完成各类整治工程 10 495 个，累计投资 62 亿多元。"十一五"期间，全市 COD 和 SO_2 分别削减 25.7%和 23.7%，超额完成上级下达的任务。一是加大重点工业污染整治力度。全市电力、玻璃行业全部完成脱硫治理，钢铁行业烧结脱硫加快推进。累计拆除燃煤锅炉 509 台，拆除砖制烟囱 154 根，关停砖瓦窑 30 座，市区二环路以内建成全国首家"清洁能源使用区"。全市 122 家重点水污染企业完成提标升级，81 家企业完成中水回用工程。二是加强农业面源污染治理。全面推广运用精准用药技术，通过安装杀虫灯等手段，减少农药使用量，化肥施用强度控制在每公顷 215 公斤以下，农药施用强度控制在每公顷 2.5 公斤以下，病虫草害综合防治率达 98%以上。三是加快推进生活污水治理。全市现有专业生活污水处理厂 8 家，累计日处理能力 17.4 万吨，5 家乡镇生活污水处理厂将于年底前竣工投运。全市新增污水管网 364 公里，建设有动力、微动力等农村生活污水处理设施 74 座，累计接纳农户 2.7 万户。

四、始终坚持把优美宜居作为生态文明建设的重要目标

近年来，我市以"城乡一体化"建设为抓手，按照"让清水贯通城乡、让鲜花开满港城"的工作思路，着力推进城乡环境保护和生态文明共建共享。规划上，以"发展新市镇、繁荣新街道、建设新社区"为思路，采取"9+11+X"镇村布局模式，加快推进农村集中居住，建设具有浓郁苏南特色、节地节水节材的组团式水乡村居，全市城市化水平达到 63%。建设上，遵循"自然不足人工补，先天不足后天补"的理念，把废弃的窑洼地建成了山水相依的张家港公园，把高速公路集中取土形成的低洼地建成了占地

4.25 平方公里的暨阳湖生态园，把市中心的梁丰生态园建成了有 1 500 多种植物的城市绿肺，把百里沿江滩涂建成了芦苇摇曳的天然生态屏障。管理上，持续推进"蓝天碧水"、"三清三绿"工程（清洁村庄、清洁家园、清洁河道，绿色通道、绿色基地、绿色家园），城市绿化覆盖率达 41.9%。全力打造城市水循环体系，建设了朝东圩港—环城河工程，投资 15 亿元实施城区小城河综合改造。高度重视生活垃圾和工业固废无害化处理，建成投运了总库容 25 万立方米的工业固废填埋场、年处置能力 1.2 万吨的危险废物焚烧处置中心和日处理能力 600 吨的垃圾焚烧发电厂。

五、始终坚持把绿色人文作为生态文明建设的重要基础

一是大力普及生态教育。把生态文化教育纳入国民教育体系，率先开展了"新课程背景下生态课堂案例研究"，规划建设了暨阳湖生态教育馆、青少年教育实践基地等一批特色鲜明的生态教育基地。深入开展绿色系列创建活动，全市中小学、幼儿园全部建成绿色学校，绿色社区比例达到 85%。二是大力推进低碳生活。健全完善了政府绿色采购机制，全面推进无纸化办公，开展节水、节电、节能等专项行动，实现资源、能源高效利用。广泛开展节能器具推广活动，加快推进太阳能光伏等节能产品的研发应用，节能器具在单位和家庭中的使用比例不断提升。三是大力倡导绿色出行。在江苏省率先批量使用 LNG 清洁能源公交车，全市公交出行分担率超过 20%。公共自行车服务系统累计投用 3 200 辆，日均使用频率达 5.2 次，每天替代公共交通 277 辆（次），减少碳排放 27 吨。

各位领导、各位嘉宾，作为全国首批"生态文明建设试点地区"，下一步，我们将围绕在全国"率先基本实现现代化、率先建成国家生态文明市"的目标，坚持以科学发展观为指导，与时俱进弘扬张家港精神，更大力度转变经济发展方式，更大力度推进生态工程建设，更大力度统筹城乡生态文明，更大力度培育绿色生态文化，全力打造中国生态文明建设先导区和样板区。